Ullrich Becker

PV-Anlage – Und was jetzt?

Ein Praxisratgeber für den erf[illegible] Betrieb kleiner PV-Anlagen

Ullrich Becker

PV-Anlage

– Und was jetzt?

Ein Praxisratgeber für den erfolgreichen Betrieb kleiner PV-Anlagen

Rediroma-Verlag

Bibliografische Information der Deutschen Nationalbibliothek:
Die Deutsche Nationalbibliothek verzeichnet diese Publikation in der Deutschen Nationalbibliografie; detaillierte bibliografische Daten sind im Internet über http://portal.dnb.de abrufbar.

ISBN 978-3-96103-635-6

www.rediroma-verlag.de
12,95 Euro (D)

Inhaltsverzeichnis

Vorwort

Endlich ist es so weit. Ihre PV-Anlage ist installiert. Das heißt, die Panels sind auf dem Dach fertig montiert und der Wechselrichter hängt an seinem endgültigen Ort. Die Kabel sind ordentlich verlegt und vielleicht wurde auch schon der Stromzähler montiert. Die Handwerker sind alle weg. Ihr Berater, oder, besser gesagt, ein Verkäufer von PV-Anlagen, hat gesagt, damit sei alles erledigt. Sie speisen Strom ins Netz des Netzbetreibers ein und verbrauchen vor allem ihren eigens erzeugten Strom selbst.

Leider ist das oftmals nur die halbe Wahrheit. Sie sind Anlagenbetreiber und erkennen vielleicht erst nach und nach, dass noch einiges auf Sie zukommt. Der PV-Verkäufer hat Ihnen das nicht gesagt oder Sie haben es überhört. Leider kommt das in der Praxis häufig vor und so kommen manche zu dem Schluss: „Wenn ich das vorher gewusst hätte, dann wäre mir das Ding nicht auf‘s Dach gekommen."

Dabei hatten Sie sich das so gut vorgestellt. Sie wollten etwas Gutes für die Umwelt tun und dabei etwas Geld verdienen oder Ihre Rente „aufstocken". Trotzdem, es ist gar nicht so schwierig, erfolgreich eine kleine „private" PV-Anlage zu betreiben. Allerdings hat der Gesetzgeber einige Dinge vorgesehen, die es zu beachten gibt.

Dieser Ratgeber soll Hilfestellung geben. Die für Sie wichtigen Bereiche der etwas verwirrenden Gesetzgebung sollen vereinfacht werden. Dinge, die für kleine PV-Anlagen unwichtig sind, werden bewusst weggelassen oder nur am Rande erwähnt.

Im Zweifelsfall sollte allerdings immer der reine Gesetzestext zur Beurteilung herangezogen werden. Oftmals können auch Empfehlungen der Clearingstelle EEG oder ergangene Urteile eine Hilfe sein. Der Autor gibt hier lediglich seine persönliche Auffassung und sein Verständnis wieder. Dieses resultiert aus seiner jahrelangen Erfahrung mit PV-Anlagen sowie aus vielen Seminaren und Beratungsgesprächen. Beachten Sie bitte, die gesetzlichen Grundlagen ändern sich immer wieder. Dieser Ratgeber ist auf die Rechtslage abgestimmt, die zum Zeitpunkt der Entstehung dieses Buches aktuell war.

Allgemeines

Allgemeines für Ihren Anlagenbetrieb

Dieser kleine Ratgeber soll Ihnen eine Hilfe beim Betrieb Ihrer PV-Anlage sein. Vielleicht war Ihnen manches in diesem Ratgeber bisher unbekannt. Einiges hat man Ihnen möglicherweise auch nicht gesagt. Oftmals traut man sich nicht nachzufragen, weil man denkt: „Das sollte eigentlich klar sein." Und dann ist es doch nicht so klar. Hier können Sie in aller Ruhe nachlesen. Sie werden nicht nur erkennen, was der Gesetzgeber in seinen Richtlinien für PV-Anlagen gemeint hat, sondern vielleicht auch verstehen, weshalb manches ist, wie es ist.

Etwas sehr Wichtiges und Elementares vorweg: Sie haben mit Ihrer PV-Anlage einen, vielleicht auch kleinen, Gewerbebetrieb, mit allen Rechten und Pflichten.

Nehmen Sie es bitte ernst, wenn Ihr Netzbetreiber oder der Übertragungsnetzbetreiber etwas von Ihnen als Anlagenbetreiber möchte. Das Gleiche gilt natürlich auch für den Kontakt zur Bundesnetzagentur und zum Finanzamt. Prüfen Sie, ob vielleicht bislang versäumt wurde, notwendige Information weiterzugeben.

Die wichtigsten rechtlichen Grundlagen für den Betrieb einer PV-Anlage sind im EEG geregelt.

Aber wie gesagt, auch das Finanzamt möchte „mitreden“. Aus diesem Grund ist dem Thema Finanzamt in diesem Ratgeber ein eigenes Kapitel gewidmet.

Sie sollten möglichst keine Meldepflichten versäumen. Es könnte Ihnen der Netzbetreiber bei Verstößen die erwartete Einspeisevergütung verwehren. Das Finanzamt könnte plötzlich feststellen, dass Ihre PV-Anlage einen kleinen Gewerbebetrieb darstellt, dieser aber nicht angemeldet ist. Vielleicht könnte auch der Übertragungsnetzbetreiber davon Kenntnis erlangen, dass Sie Ihren Mieter mit Strom beliefern und keine EEG-Umlage dafür bezahlen. Die Verteilnetzbetreiber sind zur Meldung solcher Konstellationen verpflichtet, wenn sie davon Kenntnis erlangen. Auch die Bundesnetzagentur hat Interesse zu wissen, welche Stromerzeuger am Netz angeschlossen sind. So könnte sie von einem Speicher erfahren, der möglicherweise erst später nachgerüstet, aber immer noch nicht angemeldet wurde.

Sie sehen, es gibt genügend Gründe, sich über den ordnungsgemäßen Betrieb einer PV-Anlage zu informieren. Dieser kleine Ratgeber soll Ihnen dabei helfen.

Überblick

Ein erster Überblick

Das EEG wurde geschaffen, um Strom aus erneuerbaren Energien in den Energiemarkt zu integrieren. Dazu zählt auch der Strom aus Ihrer PV-Anlage. Es umfasst unter anderem technische Richtlinien zum Anschluss an das Netz der öffentlichen Versorgung, Meldepflichten an die verschiedenen Marktteilnehmer und Maßnahmen, wenn die Regeln nicht eingehalten werden. Natürlich ist an dieser Stelle auch geregelt, wo das Geld für die Einspeisevergütung herkommt. Hier spricht man vom Wälzungsmechanismus.

Wälzungsmechanismus

Sie erzeugen mit Ihrer PV-Anlage Strom. Entweder Sie speisen den gesamten Strom ins Netz Ihres Netzbetreibers ein oder Sie verbrauchen einen Teil davon selbst. Wie bereits erwähnt regelt das EEG, welche Vergütung Sie als Betreiber bekommen und wo das Geld herkommt. Die Frage der Finanzierung nimmt einen großen Teil im EEG ein. Sie brauchen sich als Betreiber allerdings nicht wirklich darum zu kümmern. Ihr Netzbetreiber wird Ihnen die für Sie richtige Vergütung auszahlen. Wenn Sie das prüfen möchten, finden Sie im Internet einschlägige Seiten dafür. Die offizielle Veröffentlichung der einzelnen Vergütungssätze finden Sie auf den Seiten der vier Übertragungsnetzbetreiber Deutschlands unter der Adresse www.netztransparenz.de. Erschrecken Sie nicht, wenn Sie sich die Tabelle mit den Vergütungssätzen anschauen. Mittlerweile gibt es weit über 6.000 verschiedene Vergütungssätze im Geltungsbereich des EEG.

Aber woher kommt das Fördergeld, welches Sie als Anlagenbetreiber für Ihren produzierten Strom erhalten? Die Finanzierung dafür regelt das EEG. Um das Geld für die Vergütung aller Strommengen aus erneuerbaren Energien, also auch aus Ihrer PV-Anlage, bereitzustellen, wurde eine neue Umlage geschaffen. Das ist die EEG-Umlage. Diese Umlage muss grundsätzlich jeder Letztverbraucher für jede in Deutschland verbrauchte Kilowattstunde Strom bezahlen. Ein Letztverbraucher ist nach der Definition derjenige, der den Strom dann wirklich verbraucht. Also nicht der Erzeuger, nicht ein Netzbetreiber oder Stromhändler, sondern jeder „Endkunde", der Strom verbraucht.

Dieser Grundsatz ist wichtig, um zu verstehen, weshalb Betreiber von PV-Anlagen unter Umständen auch für Strom, den sie produzieren und dann selbst verbrauchen, EEG-Umlage bezahlen müssen. Es handelt sich um einen Grundsatz. Allerdings gibt es auch hier, wie meistens bei solchen Grundsätzen, einige Ausnahmen. Ausnahmen, wo eben keine oder eine verringerte EEG-

Umlage bezahlt werden muss.
So müssen zum Beispiel Sie, als Betreiber einer kleinen PV-Anlage[1], bis zu einer bestimmten Anlagengröße keine oder eine verringerte EEG-Umlage für Ihren selbst erzeugten Stromverbrauch bezahlen. Allerdings gilt das nicht für Strommengen, die an sogenannte Dritte weitergegeben werden. Weiters hierzu wird im Bereich „Belieferung Dritter“ erklärt.

Wenn Sie Energie von Ihrem Stromversorger beziehen, ist die EEG-Umlage in Ihrem Strompreis bereits enthalten. So lange Sie die Abrechnung Ihrer ins Netz eingespeisten Strommengen von Ihrem zuständigen Netzbetreiber erstellen lassen, wird dieser notwendige Umlagen bei der Abrechnung berücksichtigen. Ihr zuständiger Netzbetreiber ist derjenige, an dessen Stromnetz Ihre PV-Anlage angeschlossen ist.

Einspeisevergütung/Direktvermarktung

In den frühen Jahren des EEG war es der Normalfall, dass Betreiber von EEG-Anlagen eine sogenannte Einspeisevergütung bekamen. Mit der aktuellen Fassung des EEG hat sich das geändert. Hier geht der Gesetzgeber davon aus, dass die Anlagenbetreiber Ihre Strommengen

[1] Als kleine PV-Anlage soll hier eine Anlage gelten, die nicht größer als 30 kWp ist.

grundsätzlich direkt (selbst) vermarkten. Dafür wurde der Begriff „Direktvermarktung" eingeführt. Wenn Ihre Photovoltaikanlage eine bestimmte Leistung nicht überschreitet (zur Zeit sind das 100 kWp, nach Stand des EEG 2019), dann brauchen Sie sich nicht zwingend um die Direktvermarktung zu kümmern. Es gibt dann für Sie die Möglichkeit der Einspeisevergütung für kleine Anlagen. Das heißt natürlich nicht, dass Sie bei einer PV-Anlage kleiner als 100 kWp Ihre Strommengen nicht selbst vermarkten dürfen.

Sie betreiben eine kleine PV-Anlage? Schieben Sie trotzdem den Gedanken der Direktvermaktung nicht allzu weit weg. Das EEG wurde im Laufe der Jahre immer wieder angepasst. Das Ziel der Bundesregierung ist, die erneuerbaren Energien fest im Markt zu integrieren. Eine Förderung kann zur Markeinführung einer Technologie dienen, aber irgendwann gibt es eben keine Förderung für diese Technologie mehr.

Wenn Sie diesen Ratgeber lesen und Ihre PV-Anlage schon einige Jahre auf dem Dach ist, denken Sie bitte an folgendes. Spätestens nach dem Förderzeitraum des EEG (aktuell immer noch 20 Jahre ab Inbetriebnahmejahr der Anlage), kommt dieses Thema auf Sie zu. Im Kapitel „Nach der Förderung" wird hier näher darauf eingegangen.

Die Clearingstelle EEG

Ab und zu kommt es vor, dass zum Bespiel Anlagenbetreiber und Netzbetreiber eine unterschiedliche Rechtsauffassung des EEG für eine bestimmte Anlage haben. Dabei kann es sich um Planungen, aber auch um bereits gebaute Anlagen handeln. Um für eine Klärung nicht immer gleich vor Gericht zu ziehen, wurde die Clearingstelle EEG eingerichtet. Mitarbeiter der Clearingstelle analysieren die Problemfälle gründlich und verfassen letztlich eine fundierte Stellungnahme. Mitarbeiter der Clearingstelle EEG haben sich auf die Auslegung dieses Gesetzes spezialisiert und sind auch immer wieder Gesprächspartner der verschiedensten Fachausschüsse. Man kann also von einem fundierten Wissen dieser Mitarbeiter ausgehen.

Die Stellungnahme der Clearingstelle gilt erst einmal als Empfehlung an die uneinigen Parteien, sie ist nicht Gesetz und hat nicht die Wertigkeit eines Gerichtsurteils. Sie spiegelt lediglich das Verständnis und die Rechtsauffassung der Mitarbeiter und Anwälte der Clearingstelle wider. Jedoch werden, wenn es zu Verhandlung und einem Urteil vor Gericht kommt, gerne die Empfehlungen der Clearingstelle herangezogen und gelegentlich auch übernommen.

Die bisherigen Empfehlungsverfahren der Clearingstelle EEG sind im Internet veröffentlicht. Nachlesen können Sie diese unter www.clearingstelle-eeg.de.

Wenn Sie sich als PV-Anlagenbetreiber einmal wirklich nicht mit dem Netzbetreiber einigen können und Sie der Auffassung sind, im Recht zu sein, sollten Sie sich den nächsten Schritt gut überlegen. Der Weg zur Clearingstelle sollte der erste Schritt vor einer gerichtlichen Klärung sein. Die Kosten bei der Clearingstelle sind wesentlich geringer als ein Gerichtsverfahren. Trotzdem sollten Sie auch schon beim Gang zur Clearingstelle prüfen, inwiefern Sie ein Fachanwalt bei Ihrem Anliegen besser vertritt als Sie selbst im Alleingang.

Ausblick – Was ist nach der Förderdauer des EEG?

Auf der Grundlage des EEG bekommen Sie als Betreiber einer PV-Anlage eine Förderung. Das ist bei kleinen Anlagen in der Regel eine Vollvergütung vom Verteilnetzbetreiber. Sie bekommen diese für die ins Netz der öffentlichen Versorgung eingespeisten Strommengen. Je nachdem, wann Ihre PV-Anlage in Betrieb genommen wurde, bekommen Sie sogar noch eine zusätzliche Vergütung. Nämlich für Strommengen, die Sie erzeugen und dann selbst verbrauchen.
Bei einer Direktvermarktung zahlt Ihnen der Netzbetreiber eine Marktprämie.
Die Höhe und Art der Vergütung ist im Wesentlichen vom Tag der Inbetriebnahme Ihrer Anlage abhängig. Sie erhalten die Förderung für einen Zeitraum von 20 Jahren, plus dem Jahr, in dem Ihre Anlage in Betrieb genommen wurde.
Nun gibt es PV-Anlagen, die älter als das EEG sind. Hier tut man einfach so, als wären diese PV-Anlagen mit der Einführung des EEG in Betrieb gegangen. Am 1. April 2000 wurde das EEG eingeführt und löste das bis dahin geltende Stromeinspeisegesetz ab. Im Jahr 2020 werden also die ersten PV-Anlagen ihren Förderanspruch verlieren.

Was passiert nun, wenn die 20 Jahre Förderdauer vergangen sind und der Vergütungsanspruch nach dem EEG erlischt? Ganz einfach, es erlischt nur der Förderanspruch nach dem EEG. Alle anderen Regelungen haben für Ihre PV-Anlage weiterhin Bestand. Aus heutiger Sicht ist dabei besonders wichtig, dass die Netzbetreiber EEG-Anlagen vorrangig an ihr öffentliches Stromnetz anschließen müssen, damit kann Ihre PV-Anlage auch weiterhin an diesem Netz betrieben werden.

In der Regel wird Ihre PV-Anlage nach 20 Jahren immer noch weiter Strom produzieren. Die meisten Hersteller von PV-Panels geben sogar eine Garantie auf 80% des ursprünglichen Leistungsvermögens nach dieser Lebensdauer. Der Umgang mit dem erzeugten und vor allem eingespeisten Strom hängt nun zum einen von der Art Ihres Anschlusses ab, zum anderen von Ihrem Verhandlungsgeschick gegenüber dem Verteilnetzbetreiber oder einem Stromhändler, der PV-Strom aufkauft.

Endgültige Regelungen, sind vom Gesetzgeber noch nicht abschließend geklärt. Es gibt jedoch heute schon einige Möglichkeiten für einen sinnvollen Weiterbetrieb Ihrer PV-Anlage. Einige Dinge sollten Sie in diesem Zusammenhang immer im Auge behalten. Auch wenn Ihre PV-Anlage keine Förderung mehr aus dem EEG erhält, heißt das nicht, dass der Strom, den Sie mit Ihrer Anlage erzeugen, nicht mehr gebraucht wird. Zudem sollte Ihre PV-Anlage bis dahin längst bezahlt sein und im Normalfall bereits einen Gewinn erwirtschaftet haben. Netzbetreiber müssen alle Strommengen, die sie aufnehmen und abgeben, sogenannten Bilanzkreisen zuordnen. Man wird also von Ihnen als Anlagenbetreiber verlangen, dass Sie einen Bilanzkreis benennen, dem Ihre Strommengen zuzuordnen sind. Erste Anlaufstelle könnte für Sie Ihr örtlicher Stromversorger sein. Wenden Sie sich dazu am besten an dessen Kundenservice. Bei kleinen Energieversorgern, wie zum Beispiel kleinen Stadtwerken, sind Stromhändler und Netzbetreiber meist in einem Hause vereint. Man wird die Trennung zwischen Netzbetreiber und Stromhändler verstehen und Sie an die entsprechenden Ansprechpartner weiterleiten. Ihr Netzbetreiber, von dem Sie bislang Ihre Einspeisevergütung erhalten haben, wird Ihren Strom nicht ankaufen können. Haben Sie den richtigen Ansprechpartner gefunden, sollte sich klären lassen, ob und zu welchen Bedingungen Ihr Strom angekauft werden kann. Sie werden für diese Strommengen nicht mehr die Vergütung bekommen, die Sie als Förderung aus dem EEG bekommen haben, aber es sollte für die Miete der Messeinrichtung und einen "kleinen Schnaps" oben drauf reichen.

Gehen wir mal davon aus, Ihre PV-Anlage wurde in der Anschlussart Überschusseinspeisung betrieben. Sie haben also einen Teil des erzeugten Stromes selbst verbraucht. Den überschüssigen, von Ihrer PV-Anlage erzeugten Strom haben Sie ins Netz der öffentlichen Versorgung eingespeist. Wenn Sie Ihre PV-Anlage nun so weiter betreiben, haben Sie immer noch einen Vorteil. Sie müssen nicht den gesamten Strom, den Sie zukünftig verbrauchen werden, einkaufen. Vielleicht versuchen Sie jetzt noch mal Ihren Stromverbrauch zu optimieren und vor allem leistungsstarke Geräte wie Waschmaschine, Wäschetrockner, Geschirrspüler u.a. zu den Zeiten zu betreiben, in denen Ihre PV-Anlage Strom produziert. Wenn Sie nun noch etwas investieren wollen und einen Batteriespeicher anschaffen, können Sie Ihren Eigenverbrauch wesentlich erhöhen.

Vielleicht werden Sie jetzt daran denken, Strom an andere weiterzugeben. Jedoch beachten Sie hierbei unbedingt die aktuellen gesetzlichen Regelungen, vor allem die EEG-Umlage für die Weitergabe an Dritte.

Wenn Sie bisher die gesamten Strommengen, die Ihre PV-Anlage erzeugt hat, ins Netz der öffentlichen Versorgung eingespeist haben (Anschlussart Volleinspeisung), sollten Sie über einen Umbau nachdenken. Sie könnten einen Teil des erzeugten Stromes selbst verbrauchen. Das macht jedenfalls dann Sinn, wenn Sie selbst in der Immobilie wohnen, auf deren Dach die PV-Anlage installiert ist.

Sollten Sie den Strom der PV-Anlage nicht selbst nutzen können, weil Sie möglicherweise nicht in der Immobilie mit dieser PV-Anlage wohnen, kann der Strom auch von Ihrem Mieter verbraucht werden. Doch denken Sie in diesem Zusammenhang an das Thema Belieferung Dritter und die EEG-Umlagepflicht (nähere Informationen hierzu im Kapitel „Belieferung Dritter"). Weiterhin könnte man auch darüber nachdenken, die PV-Anlage zu verkaufen, zum Beispiel an Ihre Mieter. Sie sollten versuchen eine Möglichkeit zu finden, die sicherstellt, dass der Verbraucher des Stromes aus der PV-Anlage personenidentisch mit dem PV-Anlagenbetreiber ist. Natürlich können Sie Ihre PV-Anlage auch weiter betreiben und den erzeugten Strom an Dritte weitergeben. Dabei müssen Sie die entsprechende EEG-Umlage von den belieferten Dritten verlangen und an den Übertragungsnetzbetreiber weitergeben.

Bei allen hier dargestellten Möglichkeiten gilt natürlich die Grundvoraussetzung, dass alle Teile der Anlage auch weiterhin eine gültige technische Zulassung haben und entsprechende Zähler zur Ermittlung der Strommengen eingebaut sind oder werden.

Nochmals, denken Sie bitte daran, nur weil Sie keine Förderung mehr aus dem EEG bekommen, bedeutet das nicht, dass Sie mit dem EEG nichts mehr zu tun haben. In diesem Gesetz ist nicht nur die Förderung geregelt. Immer, wenn es um den Anschluss und den Betrieb von Anlagen zur Stromerzeugung aus erneuerbaren Energien geht, spielt das EEG eine wichtige Rolle.

Das Mieterstrom-Modell

Im Laufe des EEG kamen immer wieder Stimmen auf, dass die ländliche Bevölkerung oder Menschen in kleineren Orten vom EEG bevorteilt wären. Gerade in Großstädten hätten viele Menschen, die als Mieter in mehr oder weniger großen Mietobjekten leben, keine Möglichkeit am EEG teil zu haben. Man könne keine eigene PV-Anlage aufs Dach bauen.

Mit dem so genannten Mieterstrom-Modell hat der Gesetzgeber nun versucht, die Wogen ein wenig zu glätten. Bislang blieb der „Riesenerfolg" aber aus. Trotzdem sei hier kurz erläutert, worum es dabei geht.

Dabei stellt sich der Gesetzgeber folgendes vor. Der Eigentümer eines Mietshauses lässt eine PV-Anlage auf dem Dach seines Gebäudes installieren und wird als Vermieter Anlagenbetreiber dieser PV-Anlage (Vermieter = Anlagenbetreiber). Die elektrische Anlage ist dabei so zu ertüchtigen, dass alle Mieter des Hauses Strom von der PV-Anlage verbrauchen können. Ziel ist es, so wenig Strom der PV-Anlage wie möglich ins Netz der öffentlichen Versorgung einzuspeisen. Da die einzelnen Mieter zu unterschiedlichen Zeiten Strom verbrauchen, kann viel des lokal erzeugten Stromes genutzt werden. Für Zeiten, in denen die PV-Anlage keinen oder nicht ausreichend Strom erzeugt, kauft der Anlagenbetreiber für alle Mieter Strom ein. Das kann er bei einem Stromhändler seiner Wahl tun. Der Anlagenbetreiber liefert einen Mischstrom an seine Mieter. Dieser Strom kommt somit zum Teil aus der PV-Anlage und zum Teil wurde er zugekauft. Dabei erhält der Anlagenbetreiber für den Anteil des Stroms, der von der PV-Anlage an die Mieter geliefert wird, eine zusätzliche Förderung aus dem EEG. Für den ins Netz der öffentlichen Versorgung eingespeisten Strom erhält der Anlagenbetreiber die im EEG dafür vorgesehene Vergütung. Der Vermieter hat also mehrere Vorteile. Er erhält Fördergeld für die ins öffentliche Stromnetz eingespeisten Strommengen sowie für die Strommengen, die er von seiner PV-Anlage an die Mieter weitergibt. Zudem sind für die von der PV-Anlage weitergegebenen Strommengen keine Netzentgelte zu bezahlen. Diese Vorteile kann er nutzen, um seinen Mietern einen günstigen Strompreis anzubieten. Mit diesem Modell sollen Mieter indirekt an der Energiewende teilhaben und vom EEG profitieren können.

ACHTUNG: Einige Dinge sind hier für den Vermieter, der zugleich Betreiber der PV-Anlage ist, besonders wichtig:
Mit der Umsetzung des Mieterstrommodels wird der Vermieter im rechtlichen Sinne zum Energieversorger, mit allen Rechten und Pflichten. Insbesondere ist er gegenüber dem Übertragungsnetz-

betreiber (nicht seinem Anschlussnetzbetreiber) für die Strommengen, die seine Mieter verbrauchen, EEG-umlagepflichtig (siehe hier auch Kapitel EEG-Umlage, Belieferung Dritter).
Der Vermieter muss zudem eine zentrale Messung, also einen Zwei-Richtungs-Zähler als ersten Messpunkt (eine Gesamtmessung), installieren lassen. Je nach Anzahl der Mieteinheiten wird dafür eine herkömmliche Messung nicht mehr ausreichen und es muss eine sogenannte Wandlermessung installiert werden. Das wird dann der Fall sein, wenn die Gesamtleistung der Mietparteien das Leistungsvermögen einer Direktmessung übersteigt. Informieren Sie sich vor einem Umbau der Anlage bei Ihrem Netzbetreiber oder Ihrem Messstellenbetreiber über die Kosten für eine solche Messung.
Ein weiteres Risiko sollten Sie beim Mieterstrommodell bedenken. Der Anlagenbetreiber, also Sie, kauft den gesamten Strom seiner Mieter bei einem Stromhändler ein. Dann verkauft er diesen mit dem Strom aus der PV-Anlage, als Mischstrom, an seine Mieter. Dabei trägt der Anlagenbetreiber also ein zusätzliches wirtschaftliches Risiko, da er den vom Stromhändler gekauften Strom vorfinanziert.

Das Konzept des Mieterstroms kann durchaus erfolgsvorsprechend sein. Sie sollten sich dabei allerdings des Aufwandes und der rechtlichen Rahmenbedingungen bewusst sein. Wenn Sie mit dem Gedanken spielen, ein solches Konzept installieren zu lassen, sprechen Sie vorher mit Ihrem Netzbetreiber. Ein wichtiger Punkt ist dabei das oben angesprochene Messkonzept.

Eine PV-Anlage mieten oder pachten

Manchmal stellt sich die Frage, ob eine PV-Anlage auch gemietet oder gepachtet werden könnte. Es gibt Anbieter auf dem Markt, die solche Konzepte verkaufen oder vermitteln. Oftmals geschieht dies mit einem Kombivertrag, zum Beispiel, indem Sie sich als Kunde verpflichten, den Reststrom bei einem bestimmten Stromanbieter zu kaufen. Der Reststrom ist Ihr Stromverbrauch, wenn Ihre PV-Anlage nicht oder nicht genügend produzieren kann. Vergleichen Sie am Markt die Strompreise und rechnen Sie die Miet- oder Pachtkosten dazu. Vielleicht ist es dann doch wirtschaftlicher, die PV-Anlage selbst zu bauen und gegebenenfalls zu finanzieren. Den Reststrom können Sie dann am freien Markt kaufen.

In dem einen oder anderen Fall könnte ein Miet- oder Pachtmodell trotzdem eine Option sein. Doch stellt sich die Frage, weshalb man bei günstige Darlehenskonditionen, eine solche Variante wählen sollte. Ein Vermieter oder Verpächter möchte in irgendeiner Form etwas von Ihrem Vorteil einer PV-Anlage abhaben. Prüfen Sie immer, ob sich das wirklich für Sie lohnt.

Eine der wichtigsten Fragen, die sich bei einem Miet- oder Pachtmodell stellt, ist die Frage: Wer ist Anlagenbetreiber? Das muss eindeutig definiert sein. Nehmen wir an, Sie haben eine PV-

Anlage auf Ihrem Dach, die Sie nicht gekauft, sondern gemietet oder gepachtet haben. Sicherlich möchten Sie aber den Strom oder zumindest einen Teil des Stromes, der auf Ihrem Dach produziert wird, selbst nutzen. Wenn Sie jetzt nicht eigenständig verantwortlicher Betreiber dieser Anlage sind, müssen Sie für den von der PV-Anlage erzeugten und selbst verbrauchten Strom EEG-Umlage zahlen. Damit ginge ein großer Vorteil für Sie verloren. Also, hier müssen Sie wachsam sein und aufpassen. Wenn Sie sich für ein Miet- oder Pachtmodell entscheiden, dann prüfen Sie, ob Sie selbst rechtssicherer Betreiber dieser PV-Anlage sind.

Weitere Ausführungen hierzu lesen Sie in den Kapiteln „Allgemeines im Bereich Wälzungsmechanismus“ und im Kapitel „Netzbetreiber – Belieferung Dritter“

Beteiligung an einer großen PV-Anlage

Obwohl es in diesem Ratgeber um Betreiber von kleinen PV-Anlagen geht, sei der Vollständigkeit halber noch auf eine andere Art des Betriebes einer PV-Anlage hingewiesen.

Manchmal ergibt sich die Möglichkeit, sich an einer größeren PV-Anlage finanziell zu beteiligen. Ein Beispiel hierfür sind Bürgeranlagen. Bürgeranlagen können aber auch aus Wasserkraftanlagen, Windrädern oder ähnlichen Anlagen bestehen. Meistens sind diese im Bereich des EEG angesiedelt. Hierbei handelt es sich in der Regel um reine Finanzbeteiligungen. Eine Gesellschaft in irgendeiner Rechtsform ist der Betreiber der Anlage. Also müssen Sie sich nicht um den Anlagenbetrieb kümmern.

In manchen Fällen gibt es jedoch Konstellationen, in denen jeder Investor einen Anlagenteil in seinem Eigentum hat und diesen selbst betreibt. Er ist also für den Betreib seiner Anlage selbst verantwortlich. Hier handelt es sich in der Regel um Anlagen mit Volleinspeisung. Das heißt, aller erzeugter Strom wird ins Stromnetz der öffentlichen Versorgung eingespeist. Oftmals sind solche Anlagen schwer zugänglich. Hier sollte dringend über eine Fernüberwachung nachgedacht werden. Bei Freiflächenanlagen ist auch eine Objekt- oder Geländeüberwachung zu empfehlen. Denken Sie hier bitte auch über einen Wartungsvertrag mit einer geeigneten Fachfirma nach.

Wenn mehrere Betreiber Ihre Anlage in unmittelbarer Nähe betreiben, sind weitere Dinge zu beachten:
Zum Zweck der Ermittlung der Einspeisevergütung müssen unter Umständen einzelne Anlagen zusammengefasst werden. Dadurch könnte Ihre Einspeisevergütung etwas geringer ausfallen, als Sie ursprünglich erwartet haben.
Wenn die Summe der Leistungen einen bestimmten Wert überschreitet (30 kWp nach EEG2019) kann das Privileg der 70%-Regelung nicht mehr in Anspruch genommen werden. Lesen Sie hierzu den Abschnitt „Technische Einrichtungen zur Netzstabilisierung".
Wenn es sich bei oben genannten Anlagen um Überschusseinspeisungen handelt und damit Strommengen an sogenannte Dritte weitergegeben werden, muss in der Regel EEG-Umlage an den Übertragungsnetzbetreiber abgeführt werden. Weitere Informationen dazu finden Sie im Kapitel „Netzbetreiber – Belieferung Dritter".

Anmeldungen

Allgemeines zur Anmeldung

Dieser Ratgeber richtet sich in erster Linie an Betreiber von kleineren PV-Anlagen, die Ihre Anlage bereits auf dem Dach haben. Doch auch wenn Sie eine Anlage planen oder sich mit den ersten Gedanken tragen, eine PV-Anlage installieren zu lassen, sollen Sie von diesem Ratgeber profitieren. In diesem Kapitel soll nun erläutert werden, was angemeldet werden muss und bei wem das zu tun ist. Zudem soll geklärt werden, wer die Anmeldungen in welcher Form zu tätigen hat.

Anmeldung bei Ihrem Netzbetreiber

Die Form der Anmeldung bei Ihrem Netzbetreiber, an dessen Netz Ihre PV-Anlage angeschossen ist oder angeschlossen werden soll, richtet sich nach den Vorgaben Ihres Netzbetreibers. Im Allgemeinen gibt es hier aber nur wenige Unterschiede. Als erstes empfiehlt es sich, vor dem Abschluss der Planung den Netzbetreiber in Form einer Voranfrage zu konsultieren. Einige Netzbetreiber verzichten bei kleineren Anlagen (in der Regel bis 10 kWp) auf diese Voranfrage und es können gleich die vollständigen Anmeldeunterlagen eingereicht werden. Fragen Sie dazu unverbindlich bei Ihrem Netzbetreiber nach.

Den offiziellen Antrag zum Anschluss Ihrer PV-Anlage an das Netz der öffentlichen Versorgung muss ein zugelassener Elektro-Installateur stellen. Der Mindestumfang der einzureichenden Unterlagen umfasst:

- ✓ Das vollständig ausgefüllte offizielle Anmeldeformular
- ✓ Ein Messschema oder ein Schemaplan für die vorgesehene Messung (an Hand dessen erkennt der Netzbetreiber die Art der zukünftigen Vergütung für die Einspeisung ins öffentliche Stromnetz)
- ✓ Technische Datenblätter mit den entsprechenden Details und Leistungsdaten

  - o für die PV-Anlage und/oder
  - o für einen eventuellen Batteriespeicher
- ✓ Die Zulassungsbescheinigungen der eingesetzten Komponenten.

Nach Eingang der Unterlagen wird sich der Netzbetreiber bei Ihnen oder bei Ihrem Elektriker melden. Dabei muss die einzusetzende Messtechnik geklärt werden. Gegebenenfalls werden weitere Unterlagen angefordert. Unter Umständen kann es vorkommen, dass der Netzbetreiber Ihnen zum Zeitpunkt der Anmeldung nur eine bestimmte Leistung zum Anschluss frei gibt oder Ihnen den vollständigen Netzzugang nicht sofort gestatten kann. Grund hierfür können zu wenig freie Kapazitäten im Stromnetz sein. Die Netzbetreiber müssen nach dem EEG solchen Anlagen (also gegebenenfalls auch Ihrer PV-Anlage) den Netzzugang vorrangig gewähren. Wenn der Anschluss nicht unmittelbar möglich ist, wird man Ihnen mitteilen, bis wann das Netz so weit ertüchtigt ist, dass Ihre PV-Anlage angeschlossen werden kann.

EEG Anlagen bis 30 kW sollten in der Regel über einen Standard-Hausanschluss[2] angeschlossen werden können, wenn nicht bereits andere ein-

---

[2] Hier wird unterstellt, dass der Hausanschluss für 30kW ausgelegt ist und der entsprechende Baukostenzuschuss bezahlt wurde.

speisende Anlagen an diesem Anschluss in Betrieb sind. Hierbei sollten auch keine weiteren Kosten für den Anschluss auf Sie zukommen, solange die Gesamtleistung der einspeisenden Anlagen unter 30 kW bleibt. Für Anlagen über dieser Leistungsgrenze gelten andere Anschlussprozedere. Diese werden in der Regel auch kostenpflichtig für den Anschlussnehmer, also den PV-Anlagenbetreiber, sein. Da dieser Ratgeber für Anlagenbetreiber kleinerer Anlagen gedacht ist und Netzbetreiber hierbei teilweise unterschiedliche Vorgehensweisen und Ansätze haben, soll auf weitere Ausführungen verzichtet werden.

Gibt Ihnen der Netzbetreiber „grünes Licht“ zum Anschluss Ihrer PV-Anlage, können Sie mit der Planung fortschreiten und die Anlage installieren lassen. Selbstverständlich müssen Sie dem Netzbetreiber die Fertigstellung der Installation Ihrer PV-Anlage mitteilen. In den meisten Fällen verlangt man hierzu ein entsprechendes Inbetriebnahmeprotokoll, das vollständig von Ihrem Installateur auszufüllen und zu unterschreiben ist.

Alle Formulare und Informationen zum Anschluss Ihrer PV-Anlage sollten Sie auf den Internetseiten Ihres Netzbetreibers finden, beziehungsweise können Sie diese persönlich oder telefonisch erfragen.

Die Bundesnetzagentur (BNetzA)

Die Bundesnetzagentur kann man als eines der staatlichen Aufsichts- und Kontrollorgane der Bundesrepublik Deutschland bezeichnen. Aufgabenschwerpunkte liegen dabei in den Bereichen Elektrizität- und Gasversorgung, Telekommunikation, Post und Eisenbahnwesen.

Wenn wir also PV-Anlagen betrachten, die an das Netz der öffentlichen Versorgung angeschlossen sind, kommen wir nicht umhin, uns mit der Bundesnetzagentur wenigstens ansatzweise zu beschäftigen. Die Agentur überwacht den Betrieb und die Qualität der Stromnetze der Netzbetreiber. Demnach möchte sie auch wissen, welche einspeisenden Anlagen mit welchen Konstellationen und mit welchen Leistungen an die Netze angeschlossen sind. Die Daten, die Sie der Bundesnetzagentur mitteilen müssen, legt die Agentur selbst fest. Auch die Netzbetreiber stehen in engem Kontakt zur Bundesnetzagentur. Sie müssen in regelmäßigen Abständen oder bei besonderen Ereignissen Berichte über an ihr Netz angeschlossene Stromerzeugungsanlagen abgeben.

Alle Betreiber von Anlagen, die Strom aus erneuerbaren Energien erzeugen, müssen ihre Anlagen bei der Bundesnetzagentur registrieren. Einzige Ausnahme wäre, wenn Sie sicherstellen können, dass Ihre Anlage zu keiner Zeit auch nur eine Kilowattstunde Strom in ein öffentliches Stromnetz einspeist. So lange Ihre Anlage also technisch eine Verbindung zum öffentlichen Netz hat, werden Sie diesen Nachweis nur schwerlich erbringen können. Die eine Ausnahme besteht bei echten Inselanlagen. Das wäre der Fall, wenn Sie abseits von Stromnetzen in Ihrem Gartengrundstück eine PV-Anlage auf Ihrer Gartenhütte installiert haben und diesen Strom dort nutzen.

Photovoltaikanlagen wurden bis einschließlich Januar 2019 über das PV-Meldeportal online bei der Bundesnetzagentur registriert. Auch Änderungen Ihrer Anlage oder Änderungen des Anlagenbetreibers mussten dort angezeigt werden. Ende Januar 2019 schloss das PV-Meldeportal und wurde durch das Marktstammdatenregister abgelöst.

Wichtig! Vergessen Sie nicht die An- oder Ummeldung bei der Bundesnetzagentur. Die Netzbetreiber werden Ihnen keine Vergütungen auszahlen, solange Sie Ihre PV-Anlage nicht zeitnah zur Inbetriebnahme (innerhalb von einem Monat) bei der Bundesnetzagentur gemeldet haben und die ordnungsgemäße Anmeldung nachweisen.

Das Marktstammdatenregister (MaStR) der Bundesnetzagentur

Eines der „jüngsten Kinder“ der Bundesnetzagentur ist das Marktstammdatenregister. Man geht davon aus, dass sich die Energieversorgung in Deutschland zukünftig weiter verändern wird. Um dabei auch weiterhin die gewohnte Versorgungssicherheit zu gewährleisten, soll das Marktstammdatenregister einen wesentlichen Teil beitragen. Es soll den Netzbetreibern, Anlagenbetreibern, den Behörden und der Politik eine einheitliche Datenbank zur Verfügung stehen. Durch die gebündelte Datenhaltung im MaStR möchte man langfristig Bürokratie abbauen und die Qualität der erfassten Daten transparenter gestalten.

Das klingt alles recht gut und eine solche übergreifende Datenbanklösung war wohl schon längst überfällig. Nun gilt es, dass alle Marktpartner, die im MaStR ihre Rolle haben, gut mitarbeiten. Damit dies sichergestellt werden kann, hat der Gesetzgeber auch hier Möglichkeiten der Sanktion eingebaut. So sind zum Beispiel die Netzbetreiber dazu verpflichtet, Vergütungen für in ihr Netz eingespeiste Strommengen bis auf null zu reduzieren, wenn die Anlagenbetreiber ihren Meldepflichten gar nicht, nicht ordnungsgemäß oder nicht fristgerecht nachkommen. Zudem hat die Bundesnetzagentur die Möglichkeit, Ordnungsgelder zu verhängen. Für Sie als Anlagenbetreiber ist es wichtig, dass Sie Ihren Pflichten zur Registrierung und zur Datenmeldung ordnungsgemäß und rechtzeitig nachkommen.

Im ersten Step müssen Sie sich als Anlagenbetreiber im Marktstammdatenregister bekannt machen. Dafür registrieren Sie sich online. Danach können Sie Ihre „Einheiten“, also Ihre Anlagen, unter Ihrer Registrierung erfassen.
Alle Stromerzeugungsanlagen, die in Betrieb gehen oder irgendwann an das Netz der öffentlichen Versorgung angeschlossen wurden und heute noch in Betrieb sind, müssen im Register gemeldet werden. Dabei ist es unerheblich, ob es sich um ein großes Kraftwerk im Netz eines Übertragungsnetzbetreibers, eine kleine PV-Anlage auf dem Garagendach, einen Stromspeicher oder ein kleines Brennstoffzellen-BHKW handelt. Ihr Batteriespeicher der PV-Anlage wird übrigens in diesem Zusammenhang als eigene Erzeugungsanlage (eigene Einheit) gesehen und ist getrennt von Ihrer PV-Anlage im Register zu erfassen.

Wichtig: Auch wenn Sie der Meinung sind, dass Sie keinen Strom ins Netz des Netzbetreibers einspeisen oder wenn Sie auf eine Vergütung verzichten, Ihre PV-Anlage oder Ihr Batteriespeicher sind dennoch anmeldepflichtig. Das ist immer so, wenn Anlagen an ein Stromversorgungsnetz angeschlossen sind, also eine physikalische Verbindung zum öffentlichen Netz besteht. Eine

Nicht-Anmeldung stellt auch in diesen Fällen eine Ordnungswidrigkeit dar, die von der BNetzA mit einem Ordnungsgeld belegt werden kann.

Das Marktstammdatenregister hat das alte PV-Meldeportal abgelöst. Das PV-Meldeportal stand Ihnen bis 30. Januar 2019 zur Registrierung Ihrer Photovoltaikanlage zur Verfügung. Seit 31. Januar 2019 müssen alle Meldungen über das MaStR erfolgen. Jede Meldung oder Änderung, die Sie als Anlagenbetreiber im MaStR vornehmen, bekommt Ihr Netzbetreiber, als Netzbetreiberprüfung zum Abgleich mit seinen Daten und zur Freigabe vorgelegt. Der Datenabgleich und eventuelle Korrekturen erfolgen direkt im Portal des MaStR. Netzbetreiber, an deren Netz sehr viele Erzeugungsanlagen angeschlossen sind, können diesen Prozess automatisieren.

Im Marktstammdatenregister müssen zukünftig alle Anlagenbetreiber und alle Anlagen, die Strom erzeugen und an ein Netz der öffentlichen Versorgung angeschlossen sind, erfasst werden. Die Anlagenbetreiber werden als Marktpartner in der Energieversorgung erfasst. Sie übernehmen die Verantwortung für eine oder mehrere Stromerzeugungsanlagen am Netz der öffentlichen Versorgung. Alle PV-Anlagen, die heute in Betrieb gehen, müssen innerhalb einer Frist von einem Monat ab Inbetriebnahme der PV-Anlage im MaStR angemeldet sein. Alle Bestandsanlagen, das sind Anlagen, die irgendwann einmal im PV-Meldeportal bei der BNetzA angemeldet wurden, müssen im MaStR neu erfasst werden. Dazu zählen auch Anlagen, die so alt sind, dass sie noch nie bei der Bundesnetzagentur angemeldet wurden. Dabei ist es unerheblich, ob Sie für die Einspeisung aus der Anlage eine Vergütung erhalten oder nicht. Für die Anmeldung sind Sie als Anlagenbetreiber selbst verantwortlich. Betreiben Sie eine Bestandsanlage, dann haben Sie zwei Jahre zur Anmeldung Zeit. Die Frist läuft seit dem Zeitpunkt des Starts des MaStR. Das MaStR ist am 31. Januar 2019 gestartet. Das bedeutet, Sie müssen Ihre Bestandsanlagen, also alle Anlagen, die vor dem 31. Januar 2019 in Betrieb gesetzt wurden, bis Ende Januar 2021 im MaStR neu registriert haben.

Bei älteren Bestandsanlagen haben Sie vielleicht nicht mehr alle Daten zur Hand. Versuchen Sie trotzdem alles so genau wie möglich im Register einzutragen. Ihr Netzbetreiber wird die von Ihnen eingetragenen Daten mit seinem Datenbestand abgleichen. Ergeben sich hier Differenzen, werden Sie aufgefordert, die Daten zu korrigieren. Ziel ist es, dass im MaStR, beim Netzbetreiber und bei Ihnen als Anlagenbetreiber immer die gleichen Daten zu Ihrer PV-Anlage vorliegen. Seien Sie umsichtig beim Datum der Inbetriebnahme Ihrer PV-Anlage. Sind Sie nicht mehr sicher, wann Ihre PV-Anlage in Betrieb ging oder welchen Tag Ihr Installateur dem Netzbetreiber als Inbetriebnahme gemeldet hat, fragen Sie bei Ihrem Netzbetreiber nach. Wenn Sie mit diesem Datum zu leichtfertig umgehen und zum Beispiel den ersten Januar eintragen, obwohl Ihr Installateur den 30. Dezember als Tag der Inbetriebnahme gemeldet hat, könnte folgendes passieren: Ihr Netzbetreiber korrigiert das Datum der Inbetriebnahme, es ändert sich gegebenenfalls Ihr Vergütungssatz für die Einspeisevergütung, Ihre Abrechnungen werden korrigiert und Sie erhalten eine Aufforderung zur Rückzahlung zu viel gezahlter Vergütungen. Bei den hohen Vergütungssätzen der ersten Jahre des EEG könnte das richtig teuer für Sie als Anlagenbetreiber werden.

Noch ein Tipp: Im Registrierungsprozess werden die Koordinaten Ihrer PV-Anlage erfasst. Hierzu steht ein Kartenausschnitt zur Verfügung. Vergrößern Sie diesen Ausschnitt auf Maximum und verschieben Sie, wenn nötig, die automatisch gesetzte Markierung an die richtige Stelle. In den meisten Fällen wird das Ihr Haus- oder Garagendach sein. So vermeiden Sie einen Korrekturprozess.

Ihr Netzbetreiber wird Sie über die Meldepflicht Ihrer Bestandsanlagen noch einmal informieren. Sie müssen allerdings nicht bis zu dieser Aufforderung warten, sondern können Ihre Anlage schon jetzt bei der Bundesnetzagentur neu registrieren.

Als Anmeldeweg ist offiziell nur die Möglichkeit einer Onlineanmeldung vorgesehen. Inwiefern die BNetzA hier in Ausnahmefällen noch andere Möglichkeiten anbieten wird, bleibt abzuwarten. Wenn Sie über keinen Computer und Onlineanschluss verfügen, haben Sie sicherlich im Freundeskreis die Möglichkeit, Hilfe in Anspruch zu nehmen. Die Onlineregistrierung ist jedenfalls der einfachste Weg Ihre Anlage zur registrieren. Wenn das alles nicht möglich ist, dann wenden Sie sich am besten telefonisch oder schriftlich an die Hotline der Bundesnetzagentur. Die Kontaktdaten hierzu erfragen Sie bei Ihrem zuständigen Netzbetreiber.

Die BNetzA lässt es zu, dass Sie sich zur Registrierung Ihrer PV-Anlage eines Dienstleisters bedienen. So könnte auch Ihr PV-Anlagen-Installateur die Registrierung in Zusammenarbeit mit Ihnen vornehmen. Wichtig dabei ist, nicht der Installateur, sondern Sie als Anlagenbetreiber müssen registriert sein und Verantwortung für die Anlage übernehmen. Ihre Zugangsdaten als Anlagenbetreiber, also ein Benutzername und ein Passwort, muss Ihnen der Dienstleiter nach der Registrierung übergeben, denn zukünftig können weitere Eintragungen zu Ihrer Anlage notwendig werden. Dafür sind immer Sie als Anlagenbetreiber verantwortlich. Es kann kein Dienstleister oder PV-Anlagen-Installateur, der heute Ihre Anlage registriert, garantieren, dass er in ein paar Jahren noch am Markt tätig ist. Sie als Anlagenbetreiber müssen Ihre Zugangsdaten zum Marktstammdatenregister verfügbar haben.

Unter folgenden Link finden Sie ausführliche Informationen der BNetzA:
www.marktstammdatenregister.de/MaStRHilfe/subpages/fristen.html
oder einfach unter www.marktstammdatenregister.de

Das Finanzamt

Allgemeines zum Finanzamt

An dieser Stelle sollen nun einige Hinweise bezüglich des Finanzamtes folgen. Bitte beachten Sie, dass diese oder an anderer Stelle gegebene Hinweise zum Finanzamt keine steuerliche Beratung darstellen und den Weg zu Ihrem Steuerberater nicht ersetzen werden. Ihr Steuerberater wird Ihnen detailliert Auskunft darüber geben, was bei Ihren persönlichen Verhältnissen die beste Darstellung gegenüber dem Finanzamt ist. Sollte Ihr persönlicher Steuerberater noch keinerlei Erfahrung mit der Abrechnung von PV-Anlagen haben, scheuen Sie sich nicht, einen weiteren Steuerberater mit der entsprechenden Kompetenz hinzuzuziehen.

Sie sind Betreiber einer Photovoltaikanlage. Wie sieht dies das Finanzamt?

Sie haben als Betreiber einer PV-Anlage mit dem Finanzamt zu tun. Von diesem werden Sie mit Ihrer Anlage als selbstständiger Unternehmer gesehen. Sie produzieren ein Produkt (Strom) und verkaufen dieses. Hierbei entstehen steuerpflichtige Einnahmen.

An dieser Stelle müssen wir zwei Dinge unterscheiden:

Zum einen müssen Sie die Einnahmen und Ausgaben gegenüberstellen und den Gewinn (oder gegebenenfalls den Verlust) in Ihrer Einkommenssteuer berücksichtigen. Das ist nicht weiter schwierig und sicherlich wird Sie hierbei, zumindest am Anfang, Ihr Steuerberater gerne unterstützen. Zudem ist von folgendem auszugehen. Wenn Sie einen Teil des erzeugten Stromes selbst verbrauchen, wird das Finanzamt Abzüge für diesen Eigenverbrauch vornehmen.

Zweitens haben wir das Thema Umsatzsteuer, was häufig für Verwirrung sorgt. Wenn Sie als selbstständiger Unternehmer Strom an den Netzbetreiber verkaufen, müssen Sie in der Regel zum Nettobetrag Ihrer Rechnung die Umsatzsteuer hinzurechnen. Der somit entstandene Bruttobetrag wird dann dem Netzbetreiber in Rechnung gestellt. Die Umsatzsteuer, die Sie für den Verkauf des eingespeisten Stromes erhalten, müssen Sie im Rahmen der Umsatzsteuererklärung an das Finanzamt abführen. Natürlich können Sie Umsatzsteuer, die Sie bezahlen, um den Strom zu produzieren, wieder in Abzug bringen. Dies wäre zum Beispiel die Umsatzsteuer auf die Zählermiete, die Umsatzsteuer auf Reparatur oder Wartungsarbeiten und natürlich die Umsatzsteuer für die Anschaffung Ihrer Photovoltaikanlage.

Wenn dies so auf Sie zu trifft, unterliegen Sie nach Umsatzsteuerrecht der “Regelbesteuerung“.

In den meisten Fällen wird Ihnen Ihr Netzbetreiber die Aufgabe der Rechnungsstellung abnehmen und Ihnen eine Rechnungsgutschrift zukommen lassen. Dabei muss er steuerlich grundsätzlich so vorgehen, wie Sie bei der Rechnungsstellung vorgehen würden. Also müssen dem Netzbetreiber alle notwendigen Informationen vorliegen. Neben den Zählerständen sind es

- ✓ Die Umsatzsteuernummer
- ✓ Die Besteuerungsart
- ✓ Der Name des zuständigen Finanzamtes

Mit einer kleinen PV-Anlage werden Sie allerdings auf Grund des geringen Jahresumsatzes Kleinunternehmer sein. Als Kleinunternehmer dürfen Sie erst mal keine Umsatzsteuer ausweisen und müssen im Gegenzug keine umfängliche Umsatzsteuererklärung abgeben. Jedoch haben Sie die Möglichkeit, bei der Umsatzsteuer zur Regelbesteuerung zu optieren. Mit dieser Option dürfen Sie auch als Kleinunternehmer Umsatzsteuer auf Ihren Rechnungen ausweisen (das heißt, Sie erhalten die Vergütung ihres verkauften Stromes vom Netzbetreiber zuzüglich der Umsatzsteuer). Sie überweisen die vom Netzbetreiber erhaltene Umsatzsteuer an das Finanzamt und können gezahlte Umsatzsteuer einfordern. Dann geben Sie am Jahresende eine vollumfängliche Umsatzsteuererklärung beim Finanzamt ab. Ein Kleinunternehmer ohne Option zur Regelbe-

steuerung zu sein, empfiehlt sich frühestens nach fünf vollen Kalenderjahren. Ohne diese Option dürfen Sie die an den Installateur gezahlte Umsatzsteuer nicht vom Finanzamt zurückholen. Nach fünf Jahren können Sie die Besteuerungsart ändern.
Bevor Sie nun nach fünf Jahren Regelbesteuerung in die Kleinunternehmerregelung wechseln, sollten Sie folgendes überdenken: Wenn man fünf Jahre lang eine Umsatzsteuererklärung der Regelbesteuerung abgegeben hat, wird das auch für die nächsten Jahre kein Problem mehr darstellen. So lange Sie in der Regelbesteuerung sind, können Sie bei Reparaturen oder Dienstleistungen die gezahlte Umsatzsteuer direkt vom Finanzamt zurückholen.

Wichtig: Teilen Sie Ihrem Netzbetreiber unbedingt Ihre Umsatzsteuernummer, die gewählte Art der Besteuerung nach Umsatzsteuerrecht und den Namen Ihres zuständigen Finanzamtes mit. Diese Angaben benötigt Ihr Netzbetreiber, um eine formell richtige Rechnung zu erstellen.

Was muss ich dem Finanzamt melden?

Als erstes müssen Sie sich beim Finanzamt als zukünftiger Betreiber einer PV-Anlage melden, da Sie ja in den nächsten Jahren mit dieser Anlage Einkünfte erzielen werden. Sie müssen also Ihre PV-Anlage dem Finanzamt bekanntgeben. Damit sollten Sie in der Regel eine Umsatzsteuernummer erhalten oder das Finanzamt teilt Ihnen mit, dass Ihre Einkommenssteuernummer gleichzeitig Ihre Umsatzsteuernummer ist. In diesem Zusammenhang wird man Sie gegebenenfalls nach einem Einspeisevertrag mit dem Netzbetreiber fragen. Die Zahlung einer Einspeisevergütung durch die Netzbetreiber dürfen nach dem EEG nicht von dem Vorhandensein eines Einspeisevertrages abhängig gemacht werden. Aus diesem Grund verzichten die meisten Netzbetreiber auf einen explizit ausformulierten Vertrag. Dem Finanzamt sollten folgende Unterlagen ausreichen, um Ihre Ernsthaftigkeit beim Betrieb einer PV-Anlage zu erkennen:

- ✓ Die Rechnung vom Installateur Ihrer PV-Anlage
- ✓ Kopie des Anmeldeformulars, welches Ihr Elektriker für den Betrieb der PV-Anlage beim Netzbetreiber eingereicht hat
- ✓ Bestätigung der Anmeldung Ihrer Anlage im Marktstammdatenregister der BNetzA
- ✓ Kopie des Auftrags für den Messstellenbe-

treiber Ihres Netzbetreibers für die zu installierenden Zähler

Bei einer PV-Anlage mit Selbstverbrauch, also wenn Sie einen Teil des von der PV-Anlage erzeugten Stromes selbst verbrauchen, wird das Finanzamt Sie folgendes fragen:

- ✓ Wie viel der von Ihrer PV-Anlage erzeugten Strommenge haben Sie selbst verbraucht?
- ✓ Wie viel der von Ihrer PV-Anlage erzeugten Strommenge haben Sie ins Netz des Netzbetreibers eingespeist?

Achten Sie bei der Installation Ihrer PV-Anlage darauf, dass geeignete Messeinrichtungen installiert werden, um dem Finanzamt die erforderlichen Angaben machen zu können. Diese Angaben sollten jährlich mit der Abgabe der Steuererklärungen ausreichen. Also vergessen Sie nicht, die Zähler mindestens zum Stichtag 31. Dezember eines jeden Jahres abzulesen.

Wenn das Finanzamt weiteres von Ihnen benötigt, wird man Sie das wissen lassen.

Der Name des „Gewerbebetriebes“ PV-Anlage

Achten Sie immer darauf, dass der Name des Anlagenbetreibers bei allen Anmeldungen gleichlautend ist. Das Finanzamt wird unter Umständen ein besonderes Augenmerk darauf haben. Das bedeutet, dass der Name des Anlagenbetreibers immer gleich sein muss, bei:

- ✓ Finanzamt
- ✓ Netzbetreiber
- ✓ Bundesnetzagentur
- ✓ Antrag auf Fördergelder
- ✓ der Rechnung, die Sie von Ihrem Installateur bekommen.

Das Finanzamt könnte Belege nicht anerkennen, wenn Sie beispielsweise Ihre Anlage beim Finanzamt als Eheleute anmelden, weil Ihnen Ihr Steuerberater das so empfohlen hat, die Rechnung vom Installateur Ihrer PV-Anlage aber auf den Namen des Ehemannes lautet. Auch beim Netzbetreiber muss der Name des Anlagenbetreibers gleich sein, da der Netzbetreiber Ihnen eine Gutschrift schicken und in der Regel die Kosten für den Messstellenbetrieb berechnen wird. Das Gleiche gilt für die übrigen Marktpartner, mit denen Sie es zukünftig zu tun haben.

PV Anlagen Betrieb ohne Finanzamt

Immer wieder hört man die Aussage: „Ich brauche doch da kein Finanzamt".
Hier müssen wir uns die Frage stellen, wann denn das Finanzamt etwas von einem PV-Anlagenbetreiber möchte. Spätestens immer dann, wenn Sie in irgendeiner Weise Geld mit Ihrer Anlage verdienen. Also, wenn Sie ein (zusätzliches) Einkommen haben.
Sie bewegen sich mit Ihrer PV-Anlage im Rahmen des EEG und erhalten in der Regel eine Vergütung für ins öffentliche Netz eingespeiste Strommengen. Also werden Sie früher oder später mit dem Finanzamt zu tun haben.

Wenn Sie auf alle Vergütungen vom Netzbetreiber verzichten und dies dem Finanzamt gegenüber glaubhaft darstellen, könnten Sie unter Umständen mit Ihrer PV-Anlage am Finanzamt vorbeikommen. Nur stellt sich die Frage, weshalb Sie das als Anlagenbetreiber tun sollten. Sie verzichten damit auf die Rückerstattung der gezahlten Umsatzsteuer und haben trotzdem Kontakt mit dem Finanzamt, denn Sie müssen immer noch glaubhaft darlegen, dass Sie keinerlei Einkünfte mit Ihrer PV-Anlage erzielen werden.

Auch wenn Ihnen Lobbyisten, Freunde, Bekannte oder Ihr Verkäufer der PV-Anlage glaubhaft machen wollen, Sie bräuchten kein Finanzamt; es gibt einen besseren Weg. Melden Sie sich mit Ihrer PV-Anlage beim Finanzamt an und erfüllen Sie die recht einfachen Anforderungen. Wenn Sie bis hierher alles geschafft haben, alle Anmeldungen und Unterlagen mit dem Netzbetreiber geklärt und Ihre Anlage im Marktstammdatenregister registriert haben, dann ist das Finanzamt nur noch ein einfacher letzter Schritt.

Eine Ausnahme bezüglich Finanzamt

Sie betreiben eine Mini-PV-Anlage (siehe Kapitel, Technik-Mini-PV-Anlage). Bei solchen Anlagen könnte es sinnvoll erscheinen, auf eine Vergütung ins öffentliche Stromnetz eingespeister Strommengen zu verzichten und damit das Finanzamt „außen vor“ zur lassen. Einen Verzicht auf Vergütung für ins öffentliche Netz eingespeiste Strommengen müssen Sie dem Netzbetreiber schriftlich mitteilen. Lassen Sie sich diese Verzichtserklärung gegebenenfalls für das Finanzamt bestätigen oder legen Sie dem Finanzamt, nach Aufforderung, eine Kopie der Verzichtserklärung vor. Sollte sich Ihr Stromhändler, bei dem Sie Strom beziehen, allerdings weigern, den zu installierenden Zwei-Richtungszähler/Moderne Messeinrichtung zu bezahlen, fallenden für Sie zusätzliche Kosten an. Diese Kosten können Sie dann dem Finanzamt gegenüber nicht geltend machen.

Noch ein Tipp:

Wenn Sie Ihre PV-Anlage mit dem Finanzamt betreiben, können Sie die Kosten für diesen Ratgeber als Betriebsausgaben beim Finanzamt einreichen.

Änderungen und deren Mitteilungspflichten

Allgemeines

Beim Bau und der Installation haben Sie Ihre PV-Anlage ordnungsgemäß bei den jeweils zuständigen Marktpartnern angemeldet. Die Anmeldung sollte bei der Bundesnetzagentur, bei Ihrem Netzbetreiber und beim Finanzamt erfolgt sein. Die Bundesnetzagentur hat ein neues Melderegister mit dem Namen „Marktstammdatenregister". Hier müssen seit Februar 2019 die Daten aller installierten PV-Anlagen von den Anlagenbetreibern bekannt gemacht und auf aktuellem Stand gehalten werden.
Wenn sich im Laufe der Zeit etwas an den Daten ändert, die in Bezug zu Ihrer PV-Anlage stehen, müssen Sie diese Änderung natürlich allen oben genannten Marktpartnern bekannt machen.

Bitte nehmen Sie diese Meldepflichten ernst. Das EEG sieht mittlerweile an verschieden Stellen Sanktionen vor, die den Netzbetreiber dazu berechtigen, die Vergütung für die eingespeisten Strommengen ganz oder teilweise einzustellen. Da die Netzbetreiber zur ordnungsgemäßen Abrechnung der EEG-Anlage verpflichtet sind, werden sie die vorgesehenen Sanktionen umsetzen. Auch die BNetzA darf unter bestimmten Voraussetzungen Ordnungsgelder verlangen. Zahlreiche Prozesse wurden mittlerweile geführt, bei denen

Anlagenbetreibern, wegen versäumter Meldepflichten, Vergütungsansprüche verwehrt blieben oder bereits ausbezahlte Vergütungen zurückgezahlt werden mussten.

Betreiberwechsel

Sie haben eine PV-Anlage auf Ihrer Immobilie installieren lassen und möchten diese Immobilie jetzt verkaufen, vererben, verschenken oder das Eigentum sonstig auf eine andere Person übertragen? Hier stellt sich die Frage: Was ist mit der PV-Anlage? Natürlich können Sie Ihr Eigenheim mit der PV-Anlage zusammen verkaufen. Allerdings müssen Sie dabei beachten, dass sich dadurch der Anlagenbetreiber ändern wird. Also muss der Wechsel des Anlagenbetreibers überall dort bekannt gemacht werden, wo Sie bisher als Anlagenbetreiber gemeldet waren. Die Meldewege können hier unterschiedlich sein. Bei der Bundesnetzagentur werden Sie diese Änderungen online vornehmen, wobei bei den Netzbetreibern oder dem Finanzamt oftmals noch Formulare zum Einsatz kommen. Informieren Sie sich im Vorfeld, welche Meldewege und Fristen hier einzuhalten sind, und veranlassen Sie die An- und Abmeldungen zeitnah zum Eigentumswechsel der Immobilie.

Die Einspeisevergütung und die Abrechnungen mit dem Finanzamt sind von der Menge des ins Netz der öffentlichen Versorgung eingespeisten Stromes und gegebenenfalls von der Menge Ihres selbst verbrauchten Stromes abhängig. Denken Sie daran, die Zählerstände Ihrer PV-Anlage zum Zeitpunkt des Eigentumsübergangs abzulesen und den zuständigen Marktpartnern mitzuteilen.

Für die Meldung beim Finanzamt vergewissern Sie sich, ob Ihre PV-Anlage zum Zeitpunkt des Verkaufes bereits abgeschrieben ist. Klären Sie dies am besten mit Ihrem Steuerberater. Es wäre festzustellen, welchen Wert Ihr "Gewerbe PV-Anlage“ zum Zeitpunkt des Verkaufes hat und wie dies steuerrechtlich bewertet werden muss. Für weitere gesicherte Informationen hierzu sprechen Sie am besten mit Ihrem Steuerberater oder dem zuständigen Mitarbeiter des Finanzamtes. Ihr Steuerberater wird für Sie sicherlich erster Ansprechpartner sein und entsprechende Hilfe anbieten können.

Der neue Anlagenbetreiber, der nun Ihre Anlage übernommen hat, muss sich natürlich auch wieder bei allen zuständigen Marktpartnern melden und entsprechende Informationen einreichen. Werden notwendige Meldungen nicht vorgenommen, wird der Netzbetreiber keine Auszahlungen vornehmen. Die BNetzA hat auch hier die Möglichkeit, Ordnungsgelder zu verhängen.

Es bietet sich aber noch eine Alternative. Sie müssen Ihre PV-Anlage bei der Veräußerung Ihrer Immobilie nicht zwingend mit verkaufen. Sie können die Anlage selbst weiter betreiben und vielleicht auch einen Teil des erzeugten Stromes an den neuen Besitzer verkaufen oder aber allen erzeugten Strom ins Netz der öffentlichen Versorgung einspeisen. Grade bei älteren Anlagen mit hohen Einspeisevergütungen kann eine Volleinspeisung interessant sein. Sie sollten jedoch auf einige Eckpunkte achten. Zum einen wird der neue Besitzer der Immobilie sicherlich eine Miete für die Dachfläche verlangen. Zum anderen handelt es sich, wenn Sie die Anlage weiter betreiben und einen Teil des erzeugten Stromes an den neuen Eigentümer abgeben, um eine „Belieferung Dritter“ und Sie werden quasi zum Energieversorger. Lesen Sie dazu den Abschnitt über EEG-Umlage bei Belieferung Dritter in diesem Ratgeber. Zudem sollten bei einer Belieferung Dritter mit Ihrem Steuerberater über das weitere Vorgehen gegenüber dem Finanzamt sprechen.

Änderung der Art der Stromeinspeisung (Voll oder Überschusseinspeisung)

Bei der Änderung Ihrer Einspeiseart sollten Sie im Vorfeld einige Dinge beachten:
Es ändern sich die ins Netz eingespeisten Strommengen. Die Strommengen haben wiederum Einfluss auf die Höhe der Vergütung und damit auf Ihre Abschlagszahlungen, die Sie gegebenenfalls monatlich erhalten. Informieren Sie Ihren Netzbetreiber im Vorfeld, damit dieser die Abschlagszahlungen anpassen kann. So vermeiden Sie Rückzahlungen am Jahresende.
Des Weiteren muss ein Umbau der Zähler vorgenommen werden. Diesen Umbau stimmen Sie mit Ihrem Netzbetreiber ab. Reichen Sie dazu ein neues Messkonzept ein. Ihr Elektriker wird das sicherlich gern übernehmen. Zudem muss der Elektroinstallateur einen Antrag auf Anlagenänderung beim Netzbetreiber stellen und es ist wichtig, dass Sie als Anlagenbetreiber selbstständig die Zählerstände vom Zeitpunkt des Zählerumbaus übermitteln. Damit vermeiden Sie ungeliebte Schätzungen seitens des Netzbetreibers.

Auch Ihren Stromhändler sollten Sie darüber informieren, dass Sie zukünftig weniger Strom von ihm beziehen werden, weil Sie einen Teil Ihres Strombedarfs aus Ihrer eigenen PV-Anlage decken werden. Unter Umständen macht es auch hier Sinn, die Abschlagszahlungen anzupassen.

Denken Sie auch an Ihre Meldepflichten. Die Art der Einspeisung hatten Sie beim Netzbetreiber und der Bundesnetzagentur gemeldet. Der Netzbetreiber musste diese wiederum dem Übertragungsnetzbetreiber mitteilen. Bei der Änderung der Einspeiseart sind also alle Marktpartner zu informieren. Vergessen Sie auch nicht das Finanzamt. Spätestens bei der nächsten Steuererklärung sollten Sie dem Finanzamt diese Änderung mitteilen. Sie vermeiden damit unnötige Rückfragen, wenn für das Finanzamt unplausible Strommengen auftauchen.

Änderungen bei Versorgung Dritter

Wenn Sie sogenannte Dritte mit Strom beliefern wollen, müssen Sie einiges beachten. Aus diesem Grund finden Sie zu diesem Thema einen eigenen Abschnitt in diesem Ratgeber. Es ist dringend anzuraten, Änderungen, die mit dieser Versorgungsart in Zusammenhang stehen, mit Ihrem Netzbetreiber und dem Übertragungsnetzbetreiber abzustimmen.

Leistungsänderung (Zubau/Rückbau)

Bei der Inbetriebnahme Ihrer PV-Anlage haben

Sie den Marktpartnern die Leistungsdaten Ihrer Anlage und deren Bestandteile mitgeteilt. Auf Grund dieser Leistungsdaten und des Zeitpunktes der Inbetriebsetzung der Anlage wurde der Satz für die Vergütung der ins Netz der öffentlichen Versorgung eingespeisten oder selbst verbrauchten Strommengen berechnet.

Ein Zubau oder Rückbau von Anlagenteilen führt zur Veränderung der Anlagen- und Leistungsdaten. Diese Veränderungen müssen den Marktpartnern gemeldet werden. In erster Linie dem Netzbetreiber und dem Marktstammdatenregister. Unter Umständen ändert sich damit die Vergütungsstruktur Ihrer PV-Anlage.

Wie eine veränderte Anlage zukünftig abgerechnet werden muss, hängt von vielen Faktoren ab, die hier nicht alle einzeln erläutert werden können. Dies würde für zusätzliche Verwirrungen sorgen. Ihr Netzbetreiber wird Ihnen gerne näher erläutern, welche Auswirkungen eine Veränderung der Anlage auf die zukünftige Vergütung haben wird.

Reparatur und Ersetzung

Eine Reparatur, Ersetzung oder Teilersetzung Ihrer PV-Anlage kommt in vielen Fällen einer Anlagenveränderung gleich. Sie müssen dem Netzbetreiber glaubhaft darlegen, weshalb Sie Anlagenteile ersetzen mussten. Erkennt ein Netzbetreiber beispielsweise den Defekt eines oder mehrerer PV-Panels nicht an, erhalten Sie für diesen Anlagenteil nicht mehr die ursprüngliche Vergütung, sondern die Vergütung als Neuanlage, mit entsprechend geringeren Vergütungssätzen.

Probleme können auch dadurch entstehen, wenn am Markt nicht mehr die gleiche Anlagentechnik verfügbar ist, die Sie ursprünglich eingebaut hatten. Dann hat eben vielleicht ein zu ersetzendes PV-Panel dreißig oder fünfzig Watt mehr Leistung, wenn es passend am vorhandenen Montageort eingefügt werden soll. Damit verändert sich aber die Gesamtleistung Ihrer installierten PV-Anlage. Ihr Netzbetreiber wird dann eine neue Bewertung Ihrer PV-Anlage vornehmen und gegebenenfalls die Vergütungsstruktur anpassen müssen.

Werden andere Bestandteile der Gesamtanlage ausgetauscht, wie beispielsweise der Wechselrichter, müssen Sie dies den Marktpartnern mitteilen und entsprechende technische Unterlagen einreichen. Das erklärt sich folgendermaßen: Die Netzbetreiber sind für die technische Sicherheit ihres Stromnetzes und für die sichere Versorgung aller Endkunden verantwortlich. Aus diesem Grund werden die Netzbetreiber Datenblätter und

Zulassungsbescheinigungen der angeschlossenen Wechselrichter anfordern und auf ihre Zulassung hin prüfen.

Denken Sie hierbei auch an das Marktstammdatenregister. Alles, was Sie ursprünglich im MaStR eingetragen haben, muss bei einer Änderung auch im Register geändert werden.

Nachrüstung eines Stromspeichers

Wenn Sie Ihre Photovoltaikanlage so betreiben, dass Sie einen Teil der erzeugten Strommengen selbst verbrauchen, werden Sie bald über die Installation eines Stromspeichers nachdenken. Der Einsatz eines solchen Speichers kann durchaus sinnvoll sein, da Sie dadurch die Menge Ihres Eigenverbrauches erheblich steigern können. Die Preise für Batteriespeicher sinken kontinuierlich.

Hierbei ist allerdings einiges zu beachten: Stromspeicher haben eine Doppelfunktion. Wenn der Speicher geladen wird, also wenn er den von Ihrer Photovoltaikanlage erzeugten Strom speichert, handelt es sich bei einem Speicher um einen Stromverbraucher. Wenn Sie dann den gespeicherten Strom nutzen wollen, weil Sie eben gegen Abend, nachts oder bei Schlechtwetter mehr Strom benötigen, als Ihre Photovoltaikanlage erzeugt, stellt der Stromspeicher in den Augen des Gesetzgebers eine Stromerzeugungsanlage dar. Stromerzeugungsanlagen müssen bei den zuständigen Marktpartner angemeldet werden.

Die Installation eines Stromspeichers ist also die Installation einer neuen Stromerzeugungsanlage. Alles, was Sie bei der Installation einer neuen PV-Anlage beachten müssen, trifft auch hier zu.

- ✓ Vollständige Anmeldung beim Netzbetreiber mit allen Unterlagen einer Neuanlage
- ✓ Anmeldung im Marktstammdatenregister der BNetzA
- ✓ Rücksprache mit dem Finanzamt (spätestens im Rahmen der Steuererklärung)

Versicherung

Oftmals stellt sich die Frage: Soll ich meine PV-Anlage versichern? Wenn Sie sich diese Frage stellen, müssen Sie sich darüber im Klaren sein, wogegen Sie Ihre PV-Anlage versichern wollen. Jede Versicherung kostet extra Geld und man sollte es dann investieren, wenn es für einen selbst wirklich sinnvoll erscheint. Schauen wir uns die Punkte an, die bei einer kleinen PV-Anlage auf dem eigenen Hausdach in Frage kommen könnten.

1. Ihre PV-Anlage könnte durch Sturm, Hagel, Feuer und andere Elementarschäden zerstört werden. Diese Betrachtung ist sicherlich realistisch. Bevor Sie aber an eine separate Versicherung denken, sprechen Sie mit Ihrem vertrauten Versicherungsberater. Eine kleine PV-Anlage sollte sich in Ihre Wohngebäudeversicherung integrieren lassen, vielleicht gegen einen kleinen Aufpreis.
2. Bei einer Haftpflichtversicherung verhält es sich ähnlich. Überlegen Sie, ob Ihre PV-Anlage jemanden anderem einen Schaden zufügen könnte, vielleicht durch ein vom Dach abrutschendes Panel. Es könnte jemanden verletzen oder einen Sachschaden verursachen, wenn vielleicht gerade ein Auto dort parkt, wo Ihr

Panel gegebenenfalls „landet". Überlegen Sie, ob Ihre PV-Anlage so montiert ist, dass dieses Szenario wirklich eintreten kann. Aber auch hier sprechen Sie mit Ihrem vertrauten Versicherungsberater. Vielleicht lässt sich dieses Risiko in Ihre bestehende Haftpflichtversicherung integrieren.

3. Eine Ertragsausfallversicherung ist wohl eher etwas, was nicht so einfach in eine bestehende Versicherung zu integrieren ist. Hier müssen Sie sich selbst einschätzen. Ähnliche Überlegungen stellen wir beim Thema Wartungsvertrag an. Wenn Sie Ihre PV-Anlage auf dem Dach haben und sich um gar nichts kümmern möchten, könnte eine solche Versicherung Sinn machen. Wenn Sie sich allerdings ein bisschen um Ihre Anlage kümmern, können Sie sich dieses Geld gegebenenfalls sparen. So könnten Sie ab und zu mal zum Dachfenster schauen oder Ihre Anlage vom Garten aus mit einem Fernglas betrachten. Hierbei sieht man gegebenenfalls abgefallene Kabelstecker oder mechanische Defekte am Panel. Das wichtigste Indiz ist allerdings Ihr Ertrag. Lesen Sie in regelmäßigen Zeitabständen Ihre Zähler ab und Sie werden bald ein Gefühl dafür entwickeln, wenn am Ertrag Ihrer Anlage etwas nicht stimmt. Viele Wechsel-

richter sind heute online verbunden und Sie haben die Möglichkeit, über Ihren Computer oder eine App den Ertrag Ihrer Anlage zu verfolgen.

4. Immer mal hört man von Diebstählen bei PV-Anlagen. Schauen Sie sich an, wo Ihre PV-Anlage montiert ist. Stellen Sie sich die Frage, wie interessant könnte der Montageort für Diebesbanden sein und wie aufwendig wäre ein Diebstahl. Sind die Panels Ihrer PV-Anlage auf einem etwas abseits gelegenen, nicht einsehbaren Schuppen montiert, wo ein Dieb ungestört (de)montieren kann, könnte es sinnvoll sein, über eine Diebstahlversicherung nachzudenken. Möglicherweise wäre in diesem Beispiel auch eine kleine Alarmanlage interessant.

Bei großen Anlagen, die nicht auf Wohngebäuden, sondern zum Beispiel auf abseits gelegenen Hallendächern montiert sind, oder bei großen Freiflächenanlagen ist die Betrachtungsweise der Versicherung für die PV-Anlage ein ganz andere. Hier sollte man sich wirklich über den Versicherungsschutz Gedanken machen.

Technik

Wartung/Wartungsvertrag

Oftmals bekommen PV-Anlagenbetreiber das Angebot einer regelmäßigen Wartung ihrer PV-Anlage. Dies geschieht meistens im Zusammenhang mit dem Abschluss eines kostenpflichtigen Wartungsvertrages.

Bevor Sie voreilig unterschreiben, sollten Sie nüchtern überlegen, was bei Ihrer PV-Anlage zu warten ist. Denken wir erst mal an ein Auto; da erscheint es wohl den meisten als sinnvoll, entsprechende Wartungen durchführen zu lassen. Da gibt es viele sich drehende und bewegende Teile, Schmierstoffe und andere Flüssigkeiten, Bremsbeläge, die einer gewissen Abnutzung durch Reibung unterliegen, Reifen, die abgefahren werden, und vieles mehr. Zudem ist beim Auto das Thema Sicherheit sehr wichtig, denn da sitzen wir drin und bewegen uns, manchmal sogar ziemlich schnell. Die meisten Fahrzeughalter lassen die Wartung ihres Fahrzeuges nach einer bestimmten Zeit oder nach einer festgelegten Laufleistung in einer Werkstatt ihrer Wahl durchführen. Einen kostenpflichtigen Wartungsvertrag findet man aber selten.

Worauf kommt es bei einer PV-Anlage an. Eine PV-Anlage besteht vereinfacht gesagt aus zwei

Teilen. Zum einen den Panels auf dem Dach und zum anderen dem Wechselrichter. Das Ganze ist über Kabel miteinander verbunden. Je nach Ausführung der Anlage kommen noch kleinere Einheiten zur Steuerung, Regelung oder Fernabfrage hinzu. Da stellt man sich die Frage: Welcher Wartungsaufwand besteht bei einer solide installierten PV-Anlage, zum Beispiel auch im Vergleich zur allgemeinen Elektroinstallation des Hauses? Vorweggenommen, was für die Elektroinstallation gilt, gilt auch für die installierte PV-Anlage.

Schauen wir uns aber mal die beiden Hauptbestandteile einer PV-Anlage an.
Als erstes die Panels, hier sollte sichergestellt sein, dass diese mechanisch fest verschraubt sind und keine Kabel oder Stecker im Außenbereich locker herumhängen, damit die Anlage auch den nächsten Sturm übersteht. Also, in erster Linie Sichtkontrolle. Entscheiden Sie, ob Sie das, gegebenenfalls mit einem Fernglas, selbst erledigen können. Weiterhin könnte argumentiert werden, dass die Panels mit der Zeit verschmutzen und damit der Ertrag gemindert würde. Im Regelfall sollten die Panels einer Dachanlage bei einem richtigen Regenguss sauber gewaschen werden und wenn sie im Winter mal mit Schnee bedeckt sind, werden wohl kaum Wartungstechniker kommen und auf Ihrem vereisten Dach die Panels vom Schnee befreien.
Als zweites der Wechselrichter. Wechselrichter

haben in der Regel ein Display oder Kontrollleuchten, die es Ihnen anzeigen, wenn eine Störung vorliegt. Viele PV-Anlagenbetreiber haben zudem eine Online Anbindung der Anlage auf ihrem Rechner oder eine Smartphone-App für ihre Anlage. Auch hier sollte dann das Auftreten einer Störung signalisiert werden. Oftmals geschieht das sogar über eine SMS, die der Wechselrichter automatisch verschickt, falls irgend etwas nicht in Ordnung ist. Wird Ihnen eine Störung signalisiert, werden Sie sicherlich nicht bis zur nächsten fälligen Wartung warten, sondern sofort Ihren Installateur verständigen.

Viele PV-Anlagenbetreiber überprüfen regelmäßig, einige sogar täglich, den Ertrag ihrer Anlage. Das geschieht entweder über die Online-Anbindung oder aber durch regelmäßiges Ablesen der Zählerstände. Verglichen mit Jahreszeit und Wetter bekommen Sie bald ein Gefühl dafür, ob die PV-Anlage die erwartete Leistung bringt oder ob irgendetwas nicht in Ordnung ist.

Jetzt müssen Sie selbst entscheiden, ob Sie das Geld für einen Wartungsvertrag ausgeben möchten; ob Sie Ihren Installateur lieber in größeren Abständen mit einer Überprüfung der Anlage beauftragen und regelmäßige Kontrollen selbst durchführen; oder ob Sie auf eine Wartung durch einen Dritten ganz verzichten, regelmäßig Ihre PV-Anlage sichten, die Werte überprüfen und beim Auftreten von Unregelmäßigkeiten weitere Schritte einleiten.

Anschlussarten

Für den Anschluss Ihrer PV-Anlage an das Stromnetz der öffentlichen Versorgung bestehen zwei Möglichkeiten. Volleinspeisung und Überschusseinspeisung. Diese beiden Möglichkeiten sollen hier kurz erläutert werden.

Volleinspeisung

Bei der Volleinspeisung wird die gesamte Strommenge, die Ihre PV-Anlage erzeugt, ins Netz der öffentlichen Versorgung eingespeist. Sie können keinen Strom Ihrer PV-Anlage selbst verbrauchen. In den ersten Jahren des EEG war das die einzige Möglichkeit, eine PV-Anlage am öffentlichen Stromnetz zu betreiben. Heute wird die Volleinspeisung bei Neuanlagen nur noch selten gewählt. Sinnvoll kann sie dennoch sein. Zum Beispiel bei Freiflächenanlagen oder wenn Sie nicht selbst in dem Gebäude, auf dem die PV-Anlage installiert ist, wohnen und sich mit dem Verkauf des Stromes an Dritte nicht beschäftigen wollen.

Überschusseinspeisung

Von den meisten Betreibern kleiner PV-Anlagen wird heute die Variante der Überschusseinspeisung gewählt, um ihre Anlage an das öffentliche Stromnetz anzuschließen. Der Grund dafür ist einfach erklärt. Die Einspeisevergütung, also das, was der Betreiber der Anlage vom Netzbetreiber für jede eingespeiste Kilowattstunde Strom bekommt, ist von Jahr zu Jahr gesunken. Das bedeutet wiederum, wenn Sie heute den selbst erzeugten Strom einer neuen PV-Anlage selbst verbrauchen, sparen Sie mehr an Stromkosten ein, als Sie für die Einspeisung ins öffentliche Netz bekommen würden.

Schon seit einigen Jahren gibt es die Möglichkeit, den in der PV-Anlage erzeugten Strom selbst zu nutzen. Anfänglich bekam man sogar noch eine zusätzliche Vergütung, wenn man selbst erzeugten Strom eigens nutzte. Seit einiger Zeit gibt es jedoch für Neuanlagen keine zusätzliche Vergütung für den selbst verbrauchten Strom mehr.

Auf die Frage, was der Eigenverbrauch kostet, wird oft schnell geantwortet: Der Eigenverbrauch kostet mich nichts, denn ich produziere meinen Strom selbst aus Sonnenenergie. So argumentieren übrigens auch oft die Verkäufer für PV-Anlagen. Bei intensiver Betrachtung stellen wir aber bald fest, dass diese Aussage nicht stimmt. Lassen wir mal das Finanzamt außer Acht, so kostet jede Kilowattstunde selbst verbrauchten Stromes mindestens so viel, wie Sie bekommen würden, wenn Sie den Strom ins Netz der öffentlichen Versorgung einspeisen würden. Also, auch wenn Sie einen Teil Ihres Stromverbrauchs selbst erzeugen, ist ein bewusster Umgang mit Energie wichtig, sinnvoll und schont Ihren Geldbeutel.

Tipp - Wechsel der Anschlussart

Keine Angst, wenn Sie sich für eine Anschlussart entschieden haben, ist das nicht „in Stein gemeißelt“. Die allgemeinen Strompreise sind in den letzten Jahren immer weiter gestiegen und man kann wohl davon ausgehen, dass diese Entwicklung anhalten wird. Wenn Sie eine Anlage in der Volleinspeisung betreiben, wird Irgendwann der Zeitpunkt gekommen sein, an dem Sie mehr für den gekauften Strom bezahlen, als Sie für den ins Netz des Netzbetreibers eingespeisten Strom bekommen. Spätestens dann lohnt es sich, über einen Wechsel der Anschlussart nachzudenken.
Sollten Sie also irgendwann feststellen, dass der Zeitpunkt für einen Wechsel der Anschlussart gekommen ist, dann können Sie Ihren Elektroinstallateur mit dem entsprechenden Umbau der Anlage beauftragen. Vergessen Sie dabei nicht, Ihren Netzbetreiber und die Bundesnetzagentur zeitnah über die Änderung zu informieren. Im Kapitel über Meldungen bei Anlagenänderungen erfahren Sie Näheres.

Kaufmännisch bilanzielle Weitergabe

Unter bestimmten technischen Voraussetzungen kann es vorkommen, dass eine Anlage nicht dort angeschlossen werden kann, wo man sie gerne anschließen möchte oder aber dieser Anschluss einfach unwirtschaftlich ist. Hier schließt man die Anlage inklusive Messung zum Beispiel in einem Arialnetz an und vergütet die Anlage als Volleinspeisung am Netz der öffentlichen Versorgung. Alle beteiligten Marktpartner müssen dabei über die Variante der kaufmännisch bilanzieren Weitergabe informiert werden und sich damit einverstanden erklären.
Da diese Anschlussart fast ausschließlich bei größeren Anlagen und recht selten anzutreffen ist, soll sie nur der Vollständigkeit halber erwähnt sein.

Technische Einrichtungen zur Netzstabilisierung

In den letzten Jahren ist die Anzahl von Anlagen, die Strom aus erneuerbaren Energien erzeugen, enorm gestiegen. Damit stieg auch der Anteil des erneuerbaren Stroms in den deutschen Stromnetzen. Um die Netzspannung und die Netzfrequenz stabil zu halten, muss immer genau so viel Strom in die Netze eingespeist werden, wie von den Abnehmern zeitgleich verbraucht wird. Wenn dieses Verhältnis ungleich wird, wird das Stromnetz instabil. Damit besteht die Gefahr von Abschaltungen durch technische Sicherheitsmechanismen. Ein flächendeckender Stromausfall wäre die Folge.

Um dies zu vermeiden, hat der Gesetzgeber Vorschriften erlassen. So müssen auch Anlagen, die Strom aus erneuerbaren Energien einspeisen, über entsprechende Sicherheitsmechanismen verfügen. Zudem müssen zwei weitere Kriterien erfüllt werden. Der zuständige Netzbetreiber muss jederzeit die aktuelle Menge des eingespeisten Stromes messtechnisch von fern abrufen und bei Netzproblemen reagieren können. Dazu müssen einspeisende Anlagen ferngesteuert abgeschaltet oder in der Leistung reduzieren werden können.

Da die Kosten für solche technischen Einrichtungen für einem Betreiber einer kleinen Photovoltaikanlage unverhältnismäßig sein können, hat der Gesetzgeber Ausnahmeregelungen geschaffen. Anlagen, die nicht größer 100kWp sind, müssen keine aktuell ins Netz eigespeiste Leistung übertragen und Betreiber von Photovoltaikanlagen, deren Leistung 30 kWp nicht übersteigen, haben zudem die Möglichkeit, ihre Anlage dauerhaft auf 70% ihrer Leistung zu begrenzen. Die Begrenzung erfolgt am Netzverknüpfungspunkt, das ist in der Regel Ihr Hausanschluss. Sie als Anlagenbetreiber müssen also gewährleisten, dass zu keinem Zeitpunkt mehr als 70% der auf dem Dach installierten Leitung ins öffentliche Netz eingespeist wird. Damit können diese Anlagen auch der ferngesteuerten Leistungsreduzierung entgehen.

Als Betreiber einer kleine PV-Anlage mit einer Leistung von maximal 30 kWp haben Sie es also recht einfach. Oftmals wird Ihnen die 70%-Regelung auch von vorneherein nahegelegt. Schauen wir uns mal an, was das bedeutet. Hier müssen wir wissen, was der Gesetzgeber unter der Leistung einer Photovoltaikanlage versteht. In diesen Zusammenhang zählt (wie fast immer bei PV-Anlagen) die Summe der Leistungen aller auf dem Dach installierten Panels. Wenn Sie also zehn Panels mit je 300 Watt installiert haben, hat Ihre Photovoltaikanlage 3,0 kWp. Wenn Sie sich nun für eine 70%-Regelung entscheiden, bedeutet das, dass Sie nur 2,1 kW ins Netz der öffentlichen Stromversorgung einspeisen dürfen, das sind 70% der installierten Leistung unseres Beispiels.

Nun werden Sie sich fragen, was das denn soll. Sie bauen eine Anlage mit, in unserem Beispiel, 3,0 kWp und dürfen davon nur 2,1 kW einspeisen. Denken wir an den Anfang dieses Abschnitts. Zur Netzstabilisierung muss gegebenenfalls auch die Leistung von Anlagen mit regenerativer Stromeinspeisung reduziert werden. Das Netz kann instabil werden, wenn zu viel Strom eingespeist wird. Das kann beispielsweise sein, wenn in Mittel- und Süddeutschland die Sonne kräftig scheint und gleichzeitig an der See eine starke Brise weht. Wenn jetzt noch in Deutschland ein Feiertag (geringer Stromverbrauch) ist und andere Kraftwerke nicht schnell genug in der Leistung reduziert werden können, wird das Netz instabil. Und genau jetzt produzieren auch die kleinen Photovoltaikanlagen im Bereich ihres Maximums. Mit der 70%-Regelung vermeidet man so eine „Spitze“ und trägt zur Vermeidung von Notabschaltungen durch die Netzbetreiber bei.

Wenn Sie sich zudem mal die Leistungskurve von Photovoltaikanlagen anschauen, werden Sie feststellen, dass viele der installierten Anlagen im täglichen Betrieb die Leistungsschwelle von 70%

nicht oder nicht wesentlich überschreiten. Haben Sie jedoch eine Anlage, die wegen eines optimalen Standortes und einer optimalen Ausrichtung dafür prädestiniert ist, öfter oberhalb der 70%-Marke zu produzieren, dann können Sie eben auch auf die Sonderregelung der 70%-Begrenzung verzichten. In diesem Fall wird Ihnen der Netzbetreiber ein entsprechendes Steuergerät kostenpflichtig anbieten. Damit kann dann Ihre Photovoltaikanlage bei Netzüberlastung in der Leistung ferngesteuert reduziert werden. Sie als Anlagenbetreiber sind dafür verantwortlich, dass Ihre PV-Anlage die Signale des Steuergerätes „versteht". Die Installation müssen Sie dementsprechend bei Ihrer Fachfirma beauftragen.
Kommt es dazu, dass Ihre Anlage wirklich in der Leistung reduziert oder ganz abgeschaltet wird, können Sie gegebenenfalls einen Teil der so entgangenen Einspeisevergütung für den leistungsreduzierten Zeitraum beim Netzbetreiber geltend machen.

Noch mal zurück zur 70%-Regelung. Hier sagt der Gesetzgeber nicht, dass Ihre Photovoltaikanlage nie mehr als 70% produzieren darf. Sie müssen lediglich technisch dafür sorgen, dass am sogenannten Netzverknüpfungspunkt (das ist im Regelfall Ihr Hausanschlusskasten) nicht mehr als 70% der installierten Leistung ins öffentliche Netz eingespeist werden. Das bedeutet, Sie dürfen alles, was Ihre Photovoltaikanlage über 70%

produziert, selbst verbrauchen. Voraussetzung hierfür ist allerdings die Betriebsart „Überschusseinspeisung", bei der Sie einen Teil des produzierten Stromes selbst verbrauchen.

Sollten Sie zu dem Zeitpunkt, an dem Ihre Photovoltaikanlage mehr als 70% produziert, keinen Strom verbrauchen können, weil Sie zum Beispiel den ganzen Tag über außer Haus sind oder wenn sie überhaupt mehr selbsterzeugten Strom verbrauchen wollen, können sie spätestens jetzt über die Anschaffung eines Batteriespeichers nachdenken. Der Batteriespeicher könnte so den Strom, der über 70% liegt, speichern und Ihnen zu einem späteren Zeitpunkt wieder zur Verfügung stellen. Zum Thema Speicher finden Sie in diesem Ratgeber einen separaten Abschnitt. Für die hier beschriebene „intelligente 70%-Begrenzung" gibt es technische Einrichtungen, die teilweise schon im Wechselrichter vorbereitet sind. Auch die Installation eines eigenen Batteriespeichers in Verbindung mit einer PV-Anlage wird seit einiger Zeit als Standardkonfiguration angeboten und wird teilweise sogar gesondert gefördert. Sicherlich ist Ihnen Ihr Anlageninstallateur bei diesen Optionen gerne behilflich.

Was Sie über Stromspeicher wissen sollten

In Verbindung mit der Installation oder des Betriebes einer Photovoltaikanlage rückt die Frage nach einem Stromspeicher immer mehr in den Fokus. Aus diesem Grund ist dem Thema Speicher ein eigenes Kapitel gewidmet. Die Entscheidung liegt wieder bei Ihnen als Anlagenbetreiber. Sie können auf einen Stromspeicher verzichten, ihn heute schon kaufen oder warten und hoffen, dass die Preise weiter sinken.

Aus der Physik wissen wir, dass man elektrischen Strom eigentlich nicht speichern kann. Es muss immer die gleiche Strommenge zur Verfügung gestellt, also in ein Netz eingespeist werden, wie gleichzeitig aus dem Stromnetz entnommen wird. Wenn wir Strom speichern wollen, so lehrt uns die Physik, müssen wir die elektrische Energie in eine andere Energieform umwandeln und wenn wir Strom aus dem Speicher benötigen, diesen Prozess umkehren.

So ist es auch nicht verwunderlich, dass der Gesetzgeber einen Stromspeicher zweimal betrachtet. Einerseits sieht er hier einen Stromverbraucher, nämlich wenn der Speicher sich im Ladezustand befindet. Andererseits sieht der Gesetzgeber einen Stromerzeuger, wenn der Speicher wieder Storm abgibt. Diese Denkweise ist für die

Betrachtung der zu zahlenden EEG-Umlage interessant und der Gesetzgeber hat versucht, hier entsprechende Regelungen zu treffen. Da die Informationen in diesem Ratgeber bewusst vereinfacht dargestellt werden und für kleine Anlagen Hilfestellung bringen sollen, ist die Betrachtung dieser beiden Funktionsweisen für Sie an dieser Stelle nur informativ. Aber noch eins lehrt uns die Physik. Wenn wir Strom in eine andere Energieform zur Speicherung wandeln und später wieder elektrischen Strom daraus machen, entstehen Verluste. Sie werden also immer etwas mehr Strom in den Speicher laden müssen, als Sie wieder herausbekommen. Hier spricht man vom Wirkungsgrad, der immer kleiner eins sein wird.

Mittlerweile gibt es auf dem Markt für erneuerbare Energien verschiedenste Speichermöglichkeiten und Speicherideen. Jeder denkt hier wohl zuerst an Batterien, was für die kleine PV-Anlage momentan wohl als einzig sinnvolles Speichermedium erscheint. Im größeren Stil kommen allerdings noch andere Energiespeicher in Frage. Das wären beispielsweise Pumpspeicherwerke oder Power-to-Gas-Anlagen. Bei Pumpspeicherwerken pumpt man, wenn zu viel Strom ins Netz eigespeist wird, Wasser in einen geografisch höher gelegenen See und bei erhöhtem Strombedarf lässt man das Wasser durch eine Turbine eines Wasserkraftwerkes wieder in ein geografisch tiefes liegendes Wasserbecken oder einen Fluss ablaufen. Bei Power-to-Gas-Anlagen werden Wasserstoffverbindungen mit Hilfe der Elektrizität aufgespalten und so zu einem Gas, vergleichbar dem Erdgas, gewandelt. Gespeichert oder ins Erdgasnetz eingespeist, kann man (auch mit teils schon vorhandener Druckspeicher im Erdgasnetz) mit dieser umgewandelten Energie im Gasturbinenkraftwerk wieder Strom erzeugen. Wie wir sehen, kann man elektrische Energie also immer nur über einen Umweg speichern. Je nach Speicherart fällt hier der Wirkungsgrad unterschiedlich aus. Da wir hier aber über regenerative Energien sprechen, sollte der Ansatz des Wirkungsgrades nicht so stark bewertet werden wie beim Einsatz fossiler Energieträger.

Kommen wir zum Batteriespeicher, der heute, vor allem beim Neuaufbau von „kleineren" PV-Anlagen, für Anlagenbetreiber immer interessanter wird. Aber auch bei der Ertüchtigung einer älteren PV-Anlage kann es interessant sein, über einen Batteriespeicher nachzudenken. Eines vorweg, ein Speicher für Ihre PV-Anlage macht nur dann Sinn, wenn Sie dabei Ihren Eigenverbrauch erhöhen können. Wer eine PV-Anlage betreibt und allen Strom ins Netz der öffentlichen Versorgung einspeist, muss sich über Speicher keine Gedanken machen. Dies könnte der Fall sein, wenn Sie nicht in der Nähe der PV-Anlage wohnen und damit den Strom nicht selbst verbrauchen können oder wenn Sie ein Mieterstrommodell nicht nutzen dürfen oder nicht nutzen wollen. Auch wenn Sie eine ältere Anlage betreiben, bei welcher der wirtschaftliche Vorteil bei der Volleinspeisung liegt, ist für Sie der Zeitpunkt eines Speichers noch nicht gekommen.

Nehmen wir mal an, Sie betreiben eine PV-Anlage, nutzen einen Teil des erzeugten Stromes selbst und denken über einen Batteriespeicher nach. Ermitteln Sie als erstes, wie viele Kilowattstunden (kWh) an Strom Sie pro Tag verbrauchen und wie viel dieser Strommenge in der Zeit liegt, in der Ihre PV-Anlage keinen Strom produzieren kann. Dabei können Sie wie folgt vorgehen: Lesen Sie Ihren Stromzähler in Bezugsrichtung (1.8.x) an einem für Sie typischen Tag zu dem Zeitpunkt ab, wenn Ihre PV-Anlage nicht mehr genügend produziert, um Ihren Verbrauch zu decken. Dann lesen Sie diesen Wert noch einmal am nächsten Tag ab und zu dem Zeitpunkt, wenn Ihre PV-Anlage wieder gestartet ist und Ihren Strombedarf deckt. Die Differenz aus diesen beiden Zählerständen ist die Strommenge in Kilowattstunden, die Ihr Speicher mindestens abdecken sollte, um Sie eine Nacht mit Strom zu versorgen. Natürlich können Sie auch über einen oder mehrere Tage in regelmäßigen Zeitintervallen (z.B. alle 30 oder 60 Minuten) Ihren Zähler ablesen und die Differenzen dieser Werte in einem Diagramm darstellen. Beachten Sie auch, dass unterschiedliche Jahreszeiten und Witte-

rungsverhältnisse gravierende Unterschiede bei der Stromproduktion Ihrer PV-Anlage bringen können. Je genauer Sie Ihren eigenen Stromverbrauch analysieren, desto einfacher und besser können Sie beurteilen, wie groß Ihr Speicher ausfallen soll.
Gerne wird hier im Speicher-Vertrieb mit Schlecht-Wetter-Perioden argumentiert und behauptet, man müsse den Speicher entsprechend groß wählen, um „schlechte“ Tage überbrücken zu können. Im Prinzip ist das richtig, jedoch sollte man sich angesichts der immer noch recht hohen Speicherpreise genau überlegen, wie weit man gehen möchte und ab wann man besser Strom bei seinem Versorger einkauft. Ihr Berater oder besser Verkäufer eines Batteriespeichers wird Ihnen wahrscheinlich, vor allem in seinem eigenen Verkaufsinteresse, gerne einen größeren Speicher verkaufen.

Bei der Betrachtung und Planung eines Stromspeichers sollten Sie weiterhin auf folgendes achten. Es gibt für Sie als Anlagenbetreiber mit Eigenverbrauch eine wichtige Kenngröße, nämlich die Strommenge, die der Speicher effektiv ein- und ausspeichern kann. Leistung und andere Daten sollten für Sie zweitrangig sein. So hat ein Speicher mit einem Speichervolumen von 10 kWh, der auf maximal 20% entladen werden darf, nur 8 kWh echte für Sie nutzbare Speichermenge.

Wenn Sie jetzt ein Gefühl dafür entwickelt haben, wie groß Ihr PV-Speicher werden soll, orientieren Sie sich am Markt, was Speicher kosten dürfen. Momentan gibt es immer noch sehr große Preisunterschiede für ein und dasselbe Speichermodell, teilweise sogar bei Modellen gleicher Hersteller. Der Preis unterscheidet sich eben meist nur beim Händler. Vergleichen Sie hier Preise, indem Sie sich Angebote von verschiedenen Anbietern einholen. Wenn Sie die Möglichkeit haben, sich online im Internet zu informieren, haben Sie vor der Auftragserteilung eine bessere Verhandlungsgrundlage.

Jetzt ist Ihr Speicher für Ihre PV-Anlage fertig geplant und kann eingebaut werden. Sie haben als Anlagenbetreiber noch eine Pflicht, die gerne vergessen wird. Ihr Speicher muss bei der Bundesnetzagentur und bei Ihrem Netzbetreiber angemeldet werden. Momentan sind alle Stromspeicher, die seit 01.08.2014 in Betrieb genommen wurden oder deren Leistung nach diesem Datum geändert wurde, meldepflichtig.

Die Messung

Messung von PV-Anlagenstrom

Eigentlich sollte man davon ausgehen, dass, wenn Sie von einer Fachfirma beraten werden, alles geklärt ist. Leider zeigt die Erfahrung, dass dem nicht immer so ist oder vielleicht lesen Sie diesen Ratgeber auch schon, bevor Sie Ihre Photovoltaikanlage planen und installieren lassen. An dieser Stelle soll nun geklärt werden, was im Zusammenhang mit Ihrer Photovoltaikanlage gemessen werden muss und nicht zu vergessen, wer das tun darf oder tun muss?

Vorab könnte man vereinfacht sagen, es muss alles gemessen werden, was in irgendeiner Weise verrechnet oder anderweitig mengenmäßig dargestellt werden muss.

Wenn wir hier von „Strom messen" reden, ist kein Messen mit einem Strom- oder Spannungsmesser gemeint. Mit einem Strom- oder Spannungsmesser könnte man feststellen, welche Spannung genau zu dem Zeitpunkt, an dem man das Messgerät angeschlossen hat, vorhanden ist, ob Strom zu diesem Zeitpunkt fließt und wie hoch die entsprechenden Werte gerade sind. In diesem Kapitel soll erörtert werden, wer welche Energiemengen messen darf. Es soll also die elektrische Arbeit in Kilowattstunden ermittelt werden. Diese bildet die Basis zur Berechnung von Einspeisevergütungen, Umlagen und Steuern.

Bei den im Folgenden ausgeführten Fällen ist eine entsprechende Messung zu installieren:

- ✓ Sie speisen mit Ihrer Photovoltaikanlage Strom ins Netz der öffentlichen Versorgung ein. Dabei ist unerheblich, ob Sie dafür eine Vergütung von Ihrem Netzbetreiber erhalten oder nicht. Es ist ebenfalls unerheblich, ob Sie einen Teil der von Ihrer Photovoltaikanlage erzeugten Strommengen selbst verbrauchen oder die gesamte erzeugte Strommenge ins öffentliche Netz einspeisen. Also, immer wenn Sie Strom ins Netz der öffentlichen Versorgung einspeisen oder technisch die Möglichkeit dazu besteht, muss an dieser Stelle gemessen werden.
- ✓ Sie verbrauchen einen Teil des selbst erzeugten Stromes selbst und müssen wissen, wie viel Strom Sie selbst verbrauchen.
- ✓ Sie müssen oder möchten wissen, wie viel Strom Ihre Photovoltaikanlage überhaupt produziert.

- ✓ Sie geben Strom an andere, sogenannte Dritte, weiter.
- ✓ Der Begriff „Weitergabe an Dritte“ wird im Kapitel „Belieferung Dritter“ näher erläutert.

Unabhängig davon, dass Betreiber von kleinen PV-Anlagen früher einen eigenen geeichten Zähler einbauen und zur Verrechnung verwenden durften, gelten heute andere „Spielregeln“. Spätestens mit Einführung des Messstellenbetriebsgesetzes (MsbG) im September 2016 gilt, jede Messstelle, das heißt, jeder Zähler, deren Werte zur Verrechnung mit den Netzbetreibern benötigt werden, muss von einem zugelassenen Messstellenbetreiber betrieben werden. Theoretisch könnten Sie als Anlagenbetreiber das selbst sein, müssten aber entsprechende Eignungen nachweisen und Verträge mit allen beteiligten Marktpartnern abschließen. Zudem ist es ab einer bestimmten Anlagengröße nicht ausreichend, einen modernen Zähler einzubauen, sondern es muss ein sogenanntes Messsystem installiert werden. Bei einem Messsystem muss zum Zähler noch eine Übertragungseinheit eingebaut werden. Also ein Gateway. Über dieses Gateway werden dann alle relevanten Messdaten und Zählerstände aus der Ferne abgelesen. Dies übernimmt der sogenannte Gatewayadministrator. Auch um diesen müssten Sie sich kümmern und vertragliche Vereinbarungen treffen.

Spätestens jetzt wird Ihnen der Spaß am eigenen Zähler vergehen. Wenn Sie bislang einen eigenen Zähler zur Verrechnung betrieben haben, sollte Ihnen Ihr grundzuständiger Messstellenbetreiber mit der Einführung des Messstellenbetriebsgesetzes bereits seine Grundzuständigkeit mitgeteilt haben.

In der Regel ist der Netzbetreiber, an dessen Netz Sie Ihre Photovoltaikanlage angeschlossen haben, der grundzuständige Messstellenbetreiber für Sie. Das Messstellenbetriebsgesetz schreibt dem Messstellenbetreiber vor, welche Ausführung der Messstelle bei welcher Anlage zum Einsatz kommt. Zudem hat der Gesetzgeber für die grundzuständigen Messstellenbetreiber Preisobergrenzen festgelegt. Voraussichtlich werden Sie hier ein Angebot, orientiert an der Preisobergrenze, erhalten.

Sie als Betreiber einer Photovoltaikanlage können nun entscheiden, ob Sie die Messung durch Ihren grundzuständigen Messstellenbetreiber, in der Regel Ihr Netzbetreiber, durchführen lassen wollen oder ob Sie sich am Markt einen wettbewerblichen Messstellenbetreiber suchen möchten. Dabei ist allerdings zu bezweifeln, dass Ihnen ein Messstellenbetreiber im Wettbewerb am freien Markt eine Messstelle unterhalb der Preisobergrenze des grundzuständigen Messstellenbetreibers anbietet. Eher wird man versuchen, Sie von „Kombiprodukten“ mit Zusatzleistungen am Energiemarkt oder Zusatzleistungen für Ihre Photovoltaikanlage zu überzeugen, um Sie zum Abschluss eines entsprechenden Vertrages zu bewegen.

Nachdem wir nun wissen, wer bei Ihnen zukünftig die notwendigen Zähler betreiben darf, steht noch die Frage offen, was denn eigentlich gemessen werden muss.

Unumstritten ist, dass die Menge an Strom, die Sie ins Netz der öffentlichen Versorgung einspeisen oder theoretisch einspeisen könnten, messtechnisch erfasst werden muss. Sie wollen ja vom Netzbetreiber eine entsprechende Vergütung bekommen. Zudem muss Ihr Netzbetreiber jede in sein Netz eingespeiste Kilowattstunde Strom in einem speziellen Bilanzkreis berücksichtigen. Ihr Messstellenbetreiber wird Ihnen dazu in der Regel einen sogenannten Zwei-Richtungs-Zähler installieren. Dieser Zähler kann, wie der Name schon sagt, in zwei Richtungen messen. Er ermittelt also zum einen die Strommenge, die Sie ins Netz der öffentlichen Versorgung einspeisen. Gleichzeitig misst er aber auch die Strommenge, die Sie aus dem Netz beziehen, also den Strom, den Sie bei Ihrem Stromlieferant einkaufen. Schematisch könnte man sich hier zwei Stromzähler vorstellen, die in einem Gehäuse verbaut sind. Dieser spezielle Zähler macht Sinn, da Sie sonst einen weiten Zählerplatz in Ihrem Zählerschrank zur Verfügung stellen müssten. Der Einbau eines saldierenden Zählers, der vor- und rückwärts läuft, ist nicht zulässig.

Des Weiteren benötigen Sie unter Umständen noch einen Zähler Ihres Messstellenbetreibers. Dieser soll die gesamte von Ihrer PV-Anlage erzeugte Strommenge erfassen (Erzeugungszähler). Weshalb benötigen Sie diesen Zähler? Im Kapitel mit der EEG-Umlage haben wir gelernt, dass für jede in Deutschland verbrauchte Kilowattstunde Strom EEG-Umlage zu bezahlen ist. Für Betreiber von kleineren PV-Anlagen gibt es hier eine Ausnahme. Wenn die Leistung Ihrer PV-Anlage nicht größer als 10 kWp ist und Sie die Grenze von 10.000 Kilowattstunden Eigenverbrauch im Jahr nicht überschreiten, sind Sie von der Zahlung der EEG-Umlage befreit. Das gilt, sofern der Verbraucher des Stromes aus der PV-Anlage und der Betreiber der PV-Anlage in einer Person identisch sind. Wenn Sie also eine PV-Anlage mit maximal 10 kWp betreiben, einen Teil des erzeugten Stromes selbst (personenidentisch) nutzen und sich entschließen, keinen weiteren Zähler zu installieren, müssen Sie Ihrem Netzbetreiber schlüssig darlegen, weshalb Sie die Grenze von 10.000 Kilowattstunden im Jahr nicht überschreiten werden, beziehungsweise nicht überschritten haben. Das kommt daher, dass die Clearingstelle EEG festgestellt hat, bei einer

Photovoltaikanlage ab 7,67 kWp könnte in Deutschland die Grenze von 10.000 Kilowattstunden erreicht werden. Ist Ihre Anlage kleiner 7,67 kWp oder liegt sie nicht optimal in Himmelsrichtung oder Neigung, könnte das ein schlüssiger Nachweise für Ihren Netzbetreiber sein.

Im Umkehrschluss heißt das also, wenn Ihre Photovoltaikanlage größer 10 kWp ist, brauchen Sie zwingend einen weiteren Zähler, der die gesamte von der Anlage erzeugte Strommenge erfasst. Aus der Differenz der gesamt erzeugten Strommenge und der ins Netz der öffentlichen Versorgung eingespeisten Menge errechnet sich Ihr Selbstverbrauch, also das, was Sie in Ihrer Anlage erzeugen und selbst nutzen. Für diese Menge an Strom müssen Sie EEG-Umlage bezahlen und Ihr Verteilnetzbetreiber wird Ihnen diese in Rechnung stellen.

Aber es gibt einen weiteren guten Grund, einen Erzeugungszähler von einem Messstellenbetreiber installieren zu lassen. Im Kapitel Finanzamt hatten wir festgestellt, dass das Finanzamt Sie als Betreiber einer PV-Anlage als selbstständigen Unternehmer sieht, der ein Produkt herstellt, nämlich elektrischen Strom. Die Strommenge, die Sie mit Ihrer PV-Anlage produzieren und selbst verbrauchen, stellt in den Augen des Finanzamtes eine Entnahme aus dem Gewerbebetrieb dar. Aus diesem Grund wird das Finanzamt im Rahmen der Steuererklärung von Ihnen wissen wollen, wie viel Strom Sie aus Ihrer PV-Anlage selbst verbraucht haben. Momentan reicht dem Finanzamt in den meisten Fällen einfach eine Zahl, die Sie angeben und die Ihren Eigenverbrauch plausibel und richtig darstellt. Die Angaben können Sie aus einem privat eingebauten Zähler oder notfalls aus den Werten im Wechselrichter ermitteln. Allerdings sollte es eine Frage der Zeit sein, bis ein übereifriger Finanzbeamter die Frage nach der Herkunft der Messwerte und der Eignung des Zählers aufwirft. Hier liegt wieder die Entscheidung bei Ihnen, als verantwortlicher Betreiber einer PV-Anlage zu entscheiden, welche Zähler Sie jetzt installieren lassen und welche Zähler Sie gegebenenfalls später nachrüsten wollen.

Und noch weitere Messungen könnten sich ergeben, wenn man sich Gedanken über Messtechnik bei PV-Anlagen macht. An verschiedenen Stellen in diesem Buch ging es darum, dass Sie den Strom, den Sie mit Ihrer PV-Anlage produzieren, nicht nur ins Netz der öffentlichen Versorgung einspeisen oder selbst verbrauchen, sondern dass Sie einen Teil dieses Stromes an andere, wie zum Beispiel Mieter, weitergeben. Damit könnten auch diese den Strom der Sonne nutzen. Aber Vorsicht! Wenn Sie Strom an sogenannte Dritte (das ist jeder, der nicht personenidentisch mit dem Anlagenbetreiber ist) weitergeben, fällt für diese Strommenge EEG-Umlage an. Diese

EEG-Umlage müssen Sie an den Übertragungsnetzbetreiber abführen. Natürlich sollten Sie diese Umlage auch dem Dritten in Rechnung stellen, denn Sie wollen sie sicherlich nicht selbst aus eigener Tasche bezahlen. In dieser Situation werden Sie gegenüber dem Übertragungsnetzbetreiber zum Energieversorger und müssen sich an die Pflichten eines solchen halten. Es gilt also, mehrere Strommengen zu betrachten. Zum einen die Mengen, die Sie als Anlagenbetreiber verbrauchen, dann die Mengen, die der belieferte Dritte verbraucht und natürlich die Strommengen, die Sie ins öffentliche Netz einspeisen. Wenn Sie dies jetzt nicht messtechnisch sauber voneinander trennen können, wird der Übertragungsnetzbetreiber reagieren. So könnte es sein, dass er Ihre Privilegierung für den Selbstverbrauch aufhebt und damit für die gesamte Strommenge, die nicht ins öffentliche Netz eingespeist wird, EEG-Umlage zu entrichten wäre.

Auch hier müssen Sie wieder als Anlagenbetreiber entscheiden, ob Sie die aufwendigere Messtechnik für die Belieferung Dritter in Kauf nehmen möchten, die volle EEG Umlage an den Übertragungsnetzbetreiber abführen wollen, in den Augen der Übertragungsnetzbetreiber Energieversorger sein möchten (ggf. mit weiteren Pflichten) oder ob Sie besser auf eine Belieferung Dritter ganz verzichten. Das Letztere erscheint immer wieder die preisgünstigste und unkomplizierteste Lösung.

Zusammengefasste Anlagen

Nehmen wir mal an, Sie hätten in Ihrem Haus eine Wärmepumpe für Ihre Heizung oder zur Warmwasser-Versorgung. Für eine Wärmepumpe haben Sie in der Regel beim Strombezug einen Sondertarif mit deutlich günstigeren Preisen als für Ihren Haushaltstrom. Das resultiert aus der unterbrechbaren Versorgung Ihrer Wärmepumpe. Das heißt, es gibt Zeiten im Tagesverlauf, an dem Ihre Wärmepumpe nicht laufen darf, weil der Netzbetreiber in dieser Zeit sehr viel Strom über sein Netz transportieren muss. Wenn Sie jetzt in dieser Zeit Ihre Wärmepumpe abschalten lassen, erhalten Sie einen Bonus in Form eines günstigeren Sondertarifs für die Wärmepumpe. In solch einem Fall haben Sie also mindestens zwei Stromzähler. Ein Zähler misst die Menge, die Sie in Ihrem Haushalt verbrauchen, der andere Zähler misst die Strommenge, die Ihre Wärmepumpe verbraucht.

In den letzten Jahren ist die Vergütung für den durch eine PV-Anlage ins Netz der öffentlichen Versorgung eingespeisten Strom immer weiter zurückgegangen. Im Zuge des weiteren deutschlandweiten Ausbaus der Photovoltaik wird dieser Trend auch weiter anhalten. Wenn Sie jetzt eine Wärmepumpe für Ihre Heizungsanlage oder zum Aufheizen Ihres Brauchwassers einsetzen, werden Sie bald darüber nachdenken, auch hierfür den selbst erzeugten Strom zu nutzen. Dies sollte prinzipiell kein technisches Problem darstellen. Es lauern jedoch auch hier wieder einige Tücken.

In der Regel haben Sie von Ihrem Stromhändler für eine Wärmepumpe einen Sondertarif für den Strombezug. Die Kosten pro Kilowattstunde Strom sollten für die Wärmepumpe günstiger als der normale Haushaltstrom sein. Die Strommengen für die Wärmepumpe und die Strommengen für Ihren Haushalt werden mit getrennten Stromzählern erfasst. Ihr Netzbetreiber wird Ihnen vielleicht sagen, Sie müssen sich entscheiden, ob Sie den von Ihrer PV-Anlage erzeugten Strom für den Haushalt oder für die Wärmepumpe nutzen wollen. Ansonsten müssten Sie auf die Vergünstigung des separaten Strombezuges für Ihre Wärmepumpe verzichten und mit nur einem Zähler, auch für Ihre Wärmepumpe, den teureren Haushaltstrom bezahlen. Dafür würde Ihre Wärmepumpe nicht mehr abgeschaltet und Sie könnten selbst erzeugten Strom für Haushalt und Wärmepumpe nutzen.

Aber auch hier gibt es eine andere Lösung. Sie könnten einen speziellen Messaufbau, eine sogenannte Kaskadenschaltung, installieren lassen. Dabei kann man die benötigten Strommengen für die Wärmepumpe und die Strommengen für den Haushalt messtechnisch getrennt darstellen, den selbst erzeugten Strom für beide Systeme nutzen und trotzdem seinen Sondervertrag für die Wärmepumpe behalten. Eine unterbrechbare Stromversorgung aus dem Netz des Netzbetreibers für den Betrieb der Wärmepumpe muss hier aber erhalten bleiben. Diese bildet die Grundlage für einen günstigeren Stromtarif für den Wärmepumpenstrom, den Sie von Ihrem Stromhändler beziehen.

Im Übrigen sollten die messtechnischen Regelungen einer Wärmepumpe auch für den Messaufbau einer Elektro-(Speicher)Heizung anzuwenden sein, falls Sie noch eine solche betreiben sollten. Weitere Anwendungen einer Kaskadenschaltung oder deren Erweiterungen können sich bei verschiedensten Messungen ergeben. So zum Beispiel, wenn Sie neben der PV-Anlage ein kleines Blockheizkraftwerk (BHKW) oder andere Einspeiseanlagen betreiben. Oder wenn Sie spezielle Verbraucher mit besonderen Versorgungstarifen in Ihre Anlage integrieren wollen oder müssen. In diesem Ratgeber würde die detaillierte Erläuterung der verschiedensten Varianten zu weit führen. Wenden Sie sich hierzu an Ihren Netzbetreiber, der Ihnen Auskunft darüber geben wird, welche Messkonzepte in seinem Netzgebiet eingesetzt werden dürfen.

Kosten des Messstellenbetriebes

Mit der Einführung des Messstellenbetriebsgesetzes hat der Gesetzgeber einen regulatorischen Rahmen für Messstellen im Bereich der Energieversorgung geschaffen. Durch die festgelegten Preisobergrenzen für die grundzuständigen Messstellenbetreiber haben Sie von Beginn an einen Überblick, was Ihre Messung kosten darf. Gehen Sie einfach davon aus, dass sich jeder grundzuständige Messstellenbetreiber an den Preisobergrenzen orientieren wird. Die grundzuständigen Messstellenbetreiber sind verpflichtet, ihre Messkosten im Internet zu veröffentlichen. Damit können Sie sich im Vorfeld gut informieren.

Die Preisobergrenzen im Messstellenbetriebsgesetz orientieren sich immer an einer Messstelle. In den meisten Fällen, wenn Sie den Überschuss Ihres erzeugten Stromes ins Netz der öffentlichen Stromversorgung einspeisen, wird ein sogenannter Zwei-Richtung-Zähler eingebaut werden. Wie es der Name schon sagt, misst dieser Zähler zwei Richtungen. Zum einen wird die ins Netz eingespeiste Strommenge ermittelt, zum anderen die Strommenge, die Sie aus dem Netz beziehen, wenn Ihre PV-Anlage nicht genug Strom produziert. Spätestens, wenn es sich hier um eine moderne Messeinrichtung oder ein intelligentes Messsystem handelt, sind diese beiden Messrichtungen als eine Messstelle zu betrachten. Dem-

zufolge sollte diese auch nur einmal bezahlt werden. Die Kosten hierfür übernimmt entweder Ihr Stromhändler oder Sie selbst als Anlagenbetreiber.
Wenn Sie allerdings noch weitere Zähler vom Messstellenbetreiber benötigen, wie zur Ermittlung der insgesamt von Ihrer PV-Anlage erzeugten Strommenge oder einen Zähler für Ihre installierte Wärmepumpe, dann sind diese Zähler als weitere Messstellen mit den entsprechenden Preisobergrenzen zu bewerten.

Welche Messstelle sollten Sie nun als PV-Anlagenbetreiber bezahlen?
Alles, was mit Ihrer PV-Anlage zusammenhängt, sollten Sie sich auch als Anlagenbetreiber in Rechnung stellen lassen, auch den Zwei-Richtung-Zähler. Suchen Sie sich einen Stromhändler, der Ihnen eine Grundgebühr für Ihren Strombezug anbietet, in dem die Messkosten des Messstellenbetreibers nicht enthalten sind. Dann lassen Sie sich die Messkosten vom Messstellenbetreiber direkt in Rechnung stellen. Weshalb? Weil Sie die Kosten für die Messung dem Finanzamt gegenüber in Abzug bringen können. Wenn Ihr Stromhändler (der Sie mit Reststrom beliefert) diese Messkosten in seinem Grundpreis integriert, werden Sie diese dem Finanzamt nur schwer nachweisen können.

Das Messstellenbetriebsgesetz lässt wettbewerbliche Messstellenbetreiber zu. Diese sind nicht an Preisobergrenzen gebunden. Es ist zu erwarten, dass Sie als PV-Anlagenbetreiber immer mal wieder Angebote hierzu erhalten. Doch beachten Sie, dass solche Anbieter vertriebsorientiert arbeiten, das heißt, sie wollen etwas im Markt verdienen und sie wollen von Ihrem Vorteil, den Sie mit Ihrer PV-Anlage haben, profitieren. So wird man Ihnen nicht nur den Zähler, sondern noch andere Produkte in Kombination dazu verkaufen wollen. Prüfen Sie hier genau, ob das für Sie wirklich einen Vorteil darstellt. Vor allem achten Sie darauf, dass Sie als Anlagenbetreiber immer personenidentisch mit der Person sind, die den selbst erzeugten Strom verbraucht.

Im Übrigen, auch wenn Sie den von Ihrer PV-Anlage erzeugten Strom ins Stromnetz Ihres örtlichen Versorgers einspeisen, bedeutet das nicht, dass Sie den Reststrom, den Sie ja brauchen, vom örtlichen Stromversorger beziehen müssen.

Messaufbau beim Mieterstrom

Wiederum ein besonderer Messaufbau ist bei der Installation einer Anlage im Mieterstrommodell einzusetzen. Im Kapitel „Mieterstrom“ können Sie nachlesen, was das Mieterstrommodell bedeutet, wer es bei welchen Anlagen einsetzen kann und vor allem, was dabei auf den Anlagenbetreiber an zusätzlichen Aufgaben zukommt.

Der Begriff der PV-Anlage

Wenn wir uns über PV-Anlagen Gedanken machen, sollten wir erst mal genau definieren, was denn eigentlich eine PV-Anlage ist. Jetzt werden Sie vielleicht denken, ganz einfach, ich habe ja bereites solch eine Anlage auf dem Dach. Was soll denn die Frage? Eines ist unumstritten, eine PV-Anlage erzeugt Strom aus solarer Strahlungsenergie, also aus Sonnenlicht. Aber leider ist das für den Gesetzgeber etwas zu einfach.
Genau die Definition einer PV-Anlage hat in den letzten Jahren immer wieder für Verwirrung und Rechtsstreitigkeiten und Gerichtsurteilen bis zum Bundesgerichtshof geführt.

Nach Auffassung des EEG stellt jedes einzelne PV-Modul auf Ihrem Dach eine PV-Anlage dar, wobei für bestimmte Betrachtungen die Gesamtheit der Module zu einer Anlage „verklammert“ werden. Das wurde in den Anfängen des EEG auch schon so gesehen, bis es zu Rechtsstreitigkeiten in der Auslegung kam. Mir der aktuellen Fassung des EEG wurde der Diskussion aber weitestgehend ein Ende gesetzt und es gilt wieder: Jedes einzelne Panel auf dem Dach stellt eine EEG-Anlage dar.
Es handelt sich hier um eine Sonderregelung im EEG, nur für PV-Anlagen. Die Betrachtung und das Verständnis dafür sind aber wichtig. Nämlich

immer dann, wenn es um das Ersetzen defekter Panels geht oder wenn Sie Ihre Anlage um weitere Panels erweitern möchten.

In früheren Jahren des EEG wurde die damalige Definition für die Inbetriebnahme von PV-Anlagen (aus)genutzt und teilweise missbraucht. Man konnte einen Inbetriebnahmetermin erreichen, ohne dass die Panels auf dem Dach fertig montiert waren. Bei einer als „Zauninbetriebnahme“ bezeichneten erstmaligen Stromlieferung jedes einzelnen Panels war die Anlage in Betrieb genommen. Nachgewiesen wurde dies durch den Anschluss einer Glühlampe. Damit bekam man gegebenenfalls eine bessere Vergütungskategorie durch den vorgezogenen Inbetriebnahmetermin. Heute müssen zur Inbetriebnahme bei der erstmaligen Stromlieferung alle Panels an ihrem vorgesehenen Ort fest montiert sein und auch der Wechselrichter muss an seinem endgültigen Platz sitzen.

Beim Betrieb einer PV-Anlage haben Sie mit alldem nicht viel zu tun. Trotzdem ist es wichtig zu wissen, dass jedes einzelne auf dem Dach montierte Panel in den Augen des Gesetzgebers eine einzelne PV-Anlage darstellt. Mit diesem Wissen werden Sie beim Austausch von Modulen oder bei einer Erweiterung Ihrer Anlage ein besseres Verständnis dafür entwickeln, wie Ihr Netzbetreiber die Vergütung nach einer Anlagenänderung berechnet.

Mini PV-Anlage

Was ist mit einer Mini PV-Anlage gemeint?

An dieser Stelle sollen Kleinstanlagen, oft auch als „Balkonanlage, Guerilla Anlage, Steckeranlage, Baumarktanlage“ oder sonst wie genannt, genauer betrachtet werden.

Seit einiger Zeit werden im Handel kleine PV-Anlagen angeboten, die angeblich einfach aufzuhängen und anzuschließen sind. Der Wechselrichter ist bereits integriert und verschiedene Hersteller bieten diese Anlagen sogar mit einem einfachen Schukostecker an. Die Aussage der Hersteller und Verkäufer ist oftmals: „Ja, die kannst du einfach aufhängen und anschließen. Damit brauchst du zu Hause weniger Strom.“ Wer könnte bei solch einer Aussage nicht gleich in Versuchung geraten?

Prinzipiell ist es positiv zu bewerten, dass solche Anlagen im Handel angeboten werden. Jede kleinste Einheit zur Erzeugung von regenerativem Strom stützt unser dezentrales Energieversorgungssystem. Doch beim Anschluss solcher Kleinstanlagen sind wichtige Regeln zu beachten.

Der Anschluss

Der Anschluss von solchen Mini PV-Anlagen war eine Zeit lang recht umstritten und führte zu vielen Diskussionen. Im EEG ist geregelt, dass jede Anlage zur Erzeugung von elektrischem Strom aus erneuerbaren Energien vorrangig anzuschließen ist. Der Anschluss hat nach anerkannten Regeln der Technik zu erfolgen. Um den sicheren Betrieb einer elektrischen Anlage im Haushalt und im Stromversorgungsnetz zu gewährleisten, gibt es verschiedene Regelwerke. Während Fachfirmen und Netzbetreiber auf die Einhaltung der technischen Regeln bestanden, versuchte die Lobby der Hersteller und Verkäufer solcher Anlagen das Ganze zu vereinfachen, um nicht zu sagen, zu umgehen.

Mit den neuen, jetzt gültigen Normen und Vorschriften sollte der Anschluss von Mini PV-Anlagen geklärt sein. Natürlich dürfen Sie diese Anlagen anschließen. Allerdings sind für den Anschluss einige Regeln zu beachten, die Sie hier finden:

- ✓ Die Mini PV-Anlage muss mindestens eine gültige Bauartzulassung mit den entsprechenden Kennzeichnungen haben. Das umfasst auch Nachweise zur Konformität.
- ✓ Die Anlage darf nicht über einen „normalen“ Schukostecker in einer Haushaltsübli-

chen Steckdose angeschlossen werden. Zum Anschluss stehen spezielle Stecker nach den Regelwerken zur Verfügung oder die Anlage wird fest (zum Beispiel über eine Abzweigdose) angeschlossen.

- ✓ Sie können die Mini-PV-Anlage über einen separaten Stromkreis am Sicherungsverteiler mit der entsprechend auszulegenden Schutzeinrichtungen anschließen
- ✓ Sie können die Mini PV-Anlage auch an einen vorhandenen Stromkreis anschließen. Dazu müssen Sie die elektrische Installation dieses Stromkreises hinsichtlich seiner elektrischen Belastbarkeit und der Bemessung der Schutzeinrichtungen prüfen und gegebenenfalls umbauen lassen. Dies ist vor allem in Bezug auf Brandschutz und des Schutzes vor einem elektrischen Stromschlag wichtig.

Am besten ist es hier, einen Elektrofachbetrieb zu konsultieren. Lassen Sie Ihre elektrische Anlage vor dem Anschluss und vor dem Betrieb einer Mini-PV-Anlage überprüfen und gegebenenfalls ertüchtigen.

Folgende Abschnitte sind für Sie wichtig, auch wenn Sie der Auffassung sind oder von Ihrem Verkäufer gesagt wurde, sie würden allen erzeugten Strom selbst verbrauchen. Es wird immer eine Situation geben, wo das eben nicht so ist.

Anmeldung von Mini PV-Anlagen

Ihr Verteilnetzbetreiber ist für den sicheren Betrieb des Stromversorgungsnetzes verantwortlich. Dazu muss er wissen, welche Anlagen an sein Netz unmittelbar oder mittelbar angeschlossen sind. Denken Sie daran, Sie erzeugen Strom aus erneuerbaren Energien und unterliegen damit dem Geltungsbereich des EEG. Das ist unabhängig von der Größe und Leistung Ihrer Stromerzeugungsanlage. Sie haben das Recht auf vorrangigen Anschluss Ihrer EEG-Anlage, aber auch entsprechende Pflichten.

Auch wenn Sie auf eine Vergütung, für eventuell eingespeiste Strommengen, verzichten wollten, müssen Sie Ihrer PV-Anlage neben dem Netzbetreiber auch der Bundesnetzagentur melden. Denken Sie daran, die Bundesnetzagentur ist berechtigt, Ordnungsgelder zu verhängen, wenn zum Beispiel Anmeldungen versäumt werden.

Messung von Mini PV-Anlagen

Wenn Sie eine Stromerzeugungsanlage am öffentlichen Stromnetz betreiben, muss zumindest ein Zwei-Richtungs-Zähler installiert sein. Das ist unabhängig davon, ob Sie für gegebenenfalls ins öffentliche Stromnetz eingespeiste Strommengen eine Vergütung bekommen oder darauf verzichten. Der Netzbetreiber muss eingespeiste Strommengen in einem Bilanzkreis erfassen. Dazu muss er wissen, wieviel Strom eingespeist wird. Da es sich nach dem Einbau eines Zwei-Richtung-Zählers immer noch um eine Messstelle handelt, sollten keine zusätzlichen Kosten während des Betriebes auf Sie zukommen. Ob der Tausch Ihres Zählers notwendig ist oder ob vielleicht schon eine moderne Messeinrichtung nach Messstellenbetriebsgesetz mit Zwei-Richtungs-Messung installiert ist, erfragen Sie am besten bei Ihrem Messstellen- oder Netzbetreiber. Hier erfahren Sie auch, ob oder welche Kosten für einen eventuellen Austausch des Zählers einmalig auf Sie zukommen. Im Abschnitt „Messung" lesen Sie mehr zum Thema Messtechnik.

Wenn Sie nach einiger Zeit des Betriebes Ihrer Mini PV-Anlage anhand der Ablesung des Zwei-Richtungs-Zählers wissen, welche Strommengen Sie eingespeist haben, können Sie entscheiden, ob Sie eine Vergütung nach dem EEG in Anspruch nehmen wollen oder nicht. Denken Sie bitte daran: Wenn Sie sich für eine Vergütung der eingespeisten Strommengen entscheiden, kommt das Finanzamt ins Spiel.

Netzbetreiber

Ihr Verteilnetzbetreiber (VNB)

Ihr zuständiger Verteilnetzbetreiber ist der Netzbetreiber, an dessen Netz Ihre PV-Anlage angeschlossen ist oder angeschlossen werden soll.

Netzbetreiber sind für den sicheren und störungsfreien Betrieb ihrer Stromnetze verantwortlich. Dazu müssen sie immer auf aktuelle Informationen zugreifen können, die darüber Auskunft geben, welche leistungsintensiven Geräte und Anlagen an Ihrem Netz angeschlossen sind. Deswegen müssen, schon unabhängig vom EEG, alle Stromerzeugungsanlagen, aber auch größere, fest ans Netz angeschlossene Verbrauchsgeräte, beim Netzbetreiber angemeldet werden. Zu den Verbrauchsgeräten gehören Geräte wie Elektroheizungen, fest angeschlossene Warmwasserboiler, elektrische Durchlauferhitzer, Wärmepumpen und ähnliche Geräte. Denken Sie daran, Batteriespeicher sind im Ladezustand Stromverbraucher. Wenn sie Strom abgeben, sind sie Stromerzeugungsanlagen. Sie sind immer anmeldepflichtig. Unsere Regierung setzt in der Verkehrspolitik zukünftig auf Elektromobilität. In diesem Zusammenhang entstehen auch im privaten Umfeld immer mehr Ladestationen, sogenannte Wallboxen. Ladestationen mit einer Leistung größer 3,7 kW sind beim Netzbetreiber anmeldepflichtig.

So wird Ihr Netzbetreiber bei einem Anschlussbegehren von Ihnen zumindest wissen wollen, welche Komponenten Sie anschließen möchten. Dazu wird er die technischen Kenngrößen der anzuschließenden Einheiten abfragen. Er wird sich sicherlich auch die dazugehörigen Konformitäts- und Zulassungsbescheinigungen der Geräte vorlegen lassen. Er wird eventuell darauf verzichten, wenn ihm diese Geräte bereits bekannt sind und die entsprechenden Bescheinigungen aus anderen Anlagen vorliegen. Wenn Ihr Netzbetreiber gleichzeitig für die Zähler verantwortlich ist, müssen Sie das vorgesehene Messkonzept mit ihm abstimmen. Sollte sich bei Ihnen eine „Ferngesteuerte Leistungsreduzierung“ (siehe Bereich Technik Abschnitt Technische Einrichtungen zur Netzstabilisierung) für sinnvoll erweisen, ist das Vorgehen auch hier im Vorfeld mit dem Netzbetreiber abzustimmen.

Da Ihr Netzbetreiber auch für die Auszahlung der Förderungen nach dem EEG verantwortlich ist, wird er prüfen, ob alle Voraussetzungen für eine Förderung vorliegen. Je offener Sie mit dem Netzbetreiber kommunizieren, desto einfacher und schneller werden Anmelde-, Anschluss- und Klärungsprozesse ablaufen. Kein Netzbetreiber möchte seine Anlagenbetreiber wegen eines Formulars oder einer Unterschrift immer wieder erinnern müssen.

Ihr Verteilnetzbetreiber steht im engen Kontakt mit dem Übertragungsnetzbetreiber und der Bundesnetzagentur. In regelmäßigen Abständen muss Ihr Netzbetreiber Anfragen von Marktpartnern zu den an sein Netz angeschlossene Anlagen beantworten. Es sollte in Ihrem Interesse als Anlagenbetreiber sein, dass die Angaben, die Sie beispielsweise bei der Bundesnetzagentur machen, mit den Angaben beim Netzbetreiber übereinstimmen.

Der Übertragungsnetzbetreiber

Die Übertragungsnetzbetreiber betreiben, unterhalten und verwalten Stromnetze im Hoch- und Höchstspannungsbereich, grob gesagt, die Überlandleitungen. Zudem verwalten sie die Strommengen des EEG und legen die Höhe der EEG-Umlage sowie die der Einspeisevergütungen fest.

Eigentlich sollten Sie als Betreiber einer kleinen PV-Anlage nicht viel mit dem Übertragungsnetzbetreiber zu tun haben. Alle zum technischen Anschluss Ihrer PV-Anlage wichtigen Dinge erledigen Sie mit Ihren Verteilnetzbetreiber.

Allerdings gib es hier zwei Ausnahmen. Zum einen könnte Ihre Anlage direkt an das Netz des Übertragungsnetzbetreibers angeschlossen sein. Dann sollte der Übertragungsnetzbetreiber für alle Belange Ihr Ansprechpartner sein. Das wird allerdings bei kleinen PV-Anlagen nur sehr selten der Fall sein.

Doch der zweite Aspekt könnte durchaus zutreffen. Nämlich dann, wenn Sie Strom, der in Ihrer PV-Anlage erzeugt wurde, an andere, sogenannte „Dritte", weitergeben oder verkaufen. Damit werden Sie nach dem Gesetz zum Stromversorgungsunternehmen und unterliegen einer direkten Rechtsbeziehung zum Übertragungsnetzbetreiber.

Weiteres hierzu finden Sie im Abschnitt „Belieferung Dritter" in diesem Ratgeber.

Belieferung Dritter

Bei der Einführung des EEG ging man davon aus, dass die gesamte von der PV-Anlage erzeugte Strommenge ins Netz der öffentlichen Versorgung eingespeist wird. Dafür wurden anfängliche recht hohe Vergütungen gezahlt. Allerdings war die Anschaffung einer PV-Anlage während der Anfänge des EEGs auch recht teuer und man begnügte sich in der Regel mit kleinen Leistungen. Im Laufe der Jahre sanken die Vergütungen für die ins Netz der öffentlichen Versorgung eingespeisten Strommengen und auch die Preise für die Anschaffung und Installation einer PV-Anlage. Spätestens, als dann die Höhe der Vergütung für die eingespeisten Strommengen geringer war als der Preis, den man für den Strombezug von seinem Stromversorger bezahlte, stellte sich eine Frage: Weshalb kann ich meinen produzierten Strom nicht selbst verbrauchen? Der Gesetzgeber reagierte. Jetzt durfte man bei einer Anlage, die an das öffentliche Stromnetz angeschlossen war, den eigens erzeugten Strom auch selbst verbrauchen. Eine Zeit lang bekam man sogar noch Fördergeld pro Kilowattstunde für die selbst verbrauchten Strommengen. Also versuchte man als Anlagenbetreiber so viel Strom wie möglich aus der PV-Anlage selbst zu verbrauchen.

Manch ein Anlagenbetreiber kam oder kommt dabei auf die Idee, zum Beispiel seinem Mieter einer Einliegerwohnung etwas von dem Strom abzugeben, der von der PV-Anlage erzeugt wird. Damit möchte man mehr des vor Ort erzeugten Stromes verbrauchen. Doch Vorsicht! Hier lauert eine Tücke des Gesetzes. Um das folgende zu verstehen, müssen wir erst einmal klären, wer denn alles Strom von der PV-Anlage beziehen und verbrauchen darf.

Prinzipiell dürfen Sie als Anlagenbetreiber jedem vom Strom Ihrer PV-Anlage abgeben, so lange der Strom nicht durch ein Netz der öffentlichen Versorgung geleitet wird. Hier muss nur geklärt werden, zu welchen Konditionen dies geschehen darf.

Im Bereich „Allgemeines" haben wir unter der Überschrift „Wälzungsmechanismus" erfahren, dass für jede in Deutschland verbrauchte Kilowattstunde Strom EEG-Umlage zu zahlen ist, wenn die Verbrauchsanlage an ein Netz der öffentlichen Versorgung angeschlossen ist. Das wird wohl in mehr als 99 Prozent aller Fälle so sein. Sie als Betreiber einer kleinen PV-Anlage erfüllen in der Regel eine Ausnahme. Sie müssen als Anlagenbetreiber keine EEG-Umlage für eigens erzeugten und selbst verbrauchten Strom bezahlen, wenn die Kenngrößen Ihrer Anlage gewisse Grenzen nicht überschreiten. Das heißt, die installierte Leistung ihrer PV-Anlage darf nicht größer als 10 kWp sein und Ihr Eigenverbrauch darf die Grenze von 10.000 kWh nicht überschreiten.

Allerdings gilt das nicht für Ihren Mieter in der Einliegerwohnung, denn dieser ist ja nicht Anlagenbetreiber, sondern Sie. Das heißt, hier handelt es sich in den meisten Fällen um eine sogenannte Belieferung Dritter und somit muss für den Strom, den Ihr Mieter aus der PV-Anlage bezieht, EEG-Umlage abgeführt werden. Hier legt der Gesetzgeber großen Wert auf Personenidentität zwischen Anlagenbetreiber und Stromverbraucher.

Da die Übertragungsnetzbetreiber für den Wälzungsmechanismus des EEG verantwortlich sind, begeben Sie sich bei einer Belieferung Dritter in eine Rechtsverhältnis mit dem Übertragungsnetzbetreiber (nicht zu verwechseln mit dem Verteilnetzbetreiber, an dem Ihre Anlage in der Regel angeschlossen ist). Sie müssen also dem Übertragungsnetzbetreiber glaubhaft nachweisen, wie viele Kilowattstunden Strom aus Ihrer PV-Anlage an den Mieter der Einliegerwohnung abgegeben wurden. Für diese Strommengen müssen Sie dann EEG-Umlage an den Übertragungsnetzbetreiber überweisen.

Mit herkömmlicher Messtechnik ist das in der Regel nicht ermittelbar und es stellt sich die Frage, lohnt sich der Aufbau einer aufwendigen

Strommessung oder ist es nicht kostengünstiger, wenn sich der Mieter Ihrer Einliegerwohnung von einem Stromhändler seiner Wahl beliefern lässt und auf den Strom Ihrer PV-Anlage verzichtet.

Die gleiche Situation ergibt sich, wenn Sie beispielsweise ein kleines Verkaufsbüro, eine Werkstatt, ein Nagelstudio oder Ähnliches in Ihrer Immobilie betreiben oder betreiben lassen und mit Strom aus Ihrer privaten PV-Anlage, wenn auch nur teilweise, versorgen.

Finanzämter oder Steuerberater sehen es oftmals gern, dass man, wenn man beispielsweise eine PV-Anlage als Ehepaar betreibt, diesen Anlagenbetrieb als GbR darstellt. Da eine GbR eine eigenständige juristische Rechtsperson darstellen kann, müsste hier gegebenenfalls geprüft werden, ob es sich im rechtlichen Sinne um eine Belieferung Dritter handeln könnte. Es geht immer um die Frage, sind der Verbraucher des Stromes und der Betreiber der PV-Anlage personenidentisch? Dabei ist es unerheblich, ob es sich um persönliche oder juristische Personen handelt.

Im Zweifelsfall sollten Sie Kontakt mit Ihrem zuständigen Übertragungsnetzbetreiber aufnehmen, die Situation schildern und eine Klärung schriftlich herbeiführen. Damit werden Sie spätere Nachzahlungen vermeiden. Denken Sie daran, Ihr Anschlussnetzbetreiber muss regelmäßig Anfragen des Übertragungsnetzbetreibers wahrheitsgemäß beantworten und wenn die Vermutung einer Belieferung Dritter vorliegt, wird er dies melden.

Zusammenfassung von Anlagen

Im Normalfall bekommen Sie als Betreiber einer kleinen PV-Anlage für ins Netz der öffentlichen Versorgung eingespeisten Strommengen eine sogenannte Einspeisevergütung. Diese Vergütung richtet sich nach dem Zeitpunkt der Inbetriebsetzung Ihrer PV-Anlage und der installierten Leistung der Anlage. Die Vergütung ist nach Leistungsklassen gestaffelt. Im EEG 2019 gibt es folgende Leistungsklassen:

- Anlagen bis 10 kWp
- Anlage größer 10 kWp bis 40 kWp und
- Anlagen größer 40 kWp

Mit der Größe der Leistung einer PV-Anlage nimmt die Höhe der Einspeisevergütung ab. Um die Verringerung des Vergütungssatzes durch Überschreiten einer Leistung zu vermeiden, könnte man nun auf die Idee kommen, mehrere kleine Anlagen anstelle einer größeren Anlage zu bauen und anzumelden. Aus diesem Grund hat der Gesetzgeber hier eine Regelung ins EEG eingebaut.

So müssen Anlagen mit gleichem Energieträger, die innerhalb von zwölf Monaten auf demselben Grundstück oder in unmittelbarer Nähe gebaut und in Betrieb genommen werden, als eine Anlage betrachtet werden. Diese Betrachtungsweise gilt zur Ermittlung des Vergütungssatzes für die ins öffentliche Netz eingespeisten Strommengen und zur Beurteilung, welche Art der Leistungsreduzierung angewendet werden darf.

Hierbei spielt es keine Rolle, wer Anlagenbetreiber oder Eigentümer der EEG-Anlage ist. Wenn beispielsweise mehrere kleine PV-Anlagen verschiedener Eigentümer oder verschiedener Anlagenbetreiber auf einem großen Hallendach innerhalb von zwölf Monaten gebaut und in Betrieb genommen würden, bekäme also die zuletzt gebaute Anlage den schlechtesten Vergütungssatz. Wenn jetzt eine 70%-Regelung zur Leistungsreduzierung durch die zuletzt installierte Anlage nicht mehr möglich ist, muss der Betreiber der letzten Anlage den Betreibern der ersten Anlagen dadurch anfallende Kosten erstatten.

Sollten Sie mit solch einer Situation konfrontiert werden, wenden Sie sich am besten vor der Installation und vor der Inbetriebnahme der Anlage vertrauensvoll an Ihren Netzbetreiber. Bei Unklarheiten und Streitigkeiten, wenn sozusagen „das Kind schon in den Brunnengefallen“ ist, steht Ihnen als nächstes die Clearingstelle EEG zur Verfügung. Nutzen Sie diesen Weg, bevor Sie einen Rechtsstreit mit richterlicher Klärung antreten.

Die Abrechnung ins Netz eingespeisten Strommengen

Das EEG sieht in seiner ursprünglichen Form vor, dass die Anlagenbetreiber, spätestens nach jedem Jahreswechsel, eine Rechnung für ihre eingespeisten Strommengen an den Netzbetreiber stellen. Zwischen Geschäftspartnern müssen Rechnungen bestimmten Formen und Inhalten genügen. Diese erwartet auch Ihr Netzbetreiber, damit er eine erfolgreiche Rechnungsprüfung durchführen kann. Mittlerweile ist es aber gängige Praxis, dass die Netzbetreiber Ihnen diese Arbeit abnehmen. Also erstellen die Netzbetreiber am Jahresende eine Gutschrift für ihre ins Netz eingespeisten Strommengen. Zum anderen werden ihre Zählerkosten gleich verrechnet. Auf Wunsch des Anlagenbetreibers können während des laufenden Jahres monatlich Abschläge ausbezahlt werden. Das heißt, Sie als Anlagenbetreiber teilen dem Netzbetreiber die Zählerstände Ihrer Anlage am Ende des Jahres mit. Dazu müssen Sie die entsprechenden Zähler am 31.12. jeden Jahres ablesen. Viele Netzbetreiber erinnern ihre Anlagenbetreiber freiwillig daran, indem sie entsprechende Karten verschicken. Achtung: Eine Rechnung kann nur auf der Grundlage der mitgeteilten Zählerstände erfolgen und muss bis Ende Februar erstellt sein. Eine spätere Abrechnung ist nicht möglich. Wenn dem Netzbetreiber bis Ende Februar keine Zählerstände vorliegen und damit keine Rechnung erstellt ist, entfällt die Einspeisevergütung für das vergangene Jahr. Also nehmen Sie Ihre Pflichtmitteilungen als Anlagenbetreiber ernst.

Mit der Einführung des Messstellenbetriebsgesetzes übernimmt ein Messstellenbetreiber Ihren Zählerbetrieb, den bislang Ihr Netzbetreiber mit „abgewickelt" hat. In der Regel ändert sich dabei für Sie nichts und der Messstellenbetreiber befindet sich oftmals im gleichen Haus wie der Netzbetreiber. Ihre bisherigen Ansprechpartner können dann sicherlich auftretende Fragen weiter vermitteln. Es ist aber durchaus möglich, dass Sie zukünftig eine separate Rechnung für den Messstellenbetrieb zugestellt bekommen, falls Ihr Netzbetreiber diese Dienstleistung nicht mehr durchführen darf.

Wenn nun der Netzbetreiber dem Anlagenbetreiber die Aufgabe der Rechnungserstellung abnimmt, muss er alle notwendigen Informationen zur Erstellung dieser Gutschrift aktuell zur Verfügung haben. Neben den Zählerständen gehören die Besteuerungsart des Anlagenbetreibers (Regelbesteuerung oder Kleinunternehmer nach UStG) sowie seine Umsatzsteuernummer dazu. Dies sind Pflichtbestandteile einer ordentlichen Rechnung.

WICHTIG: Teilen Sie Ihrem Netzbetreiber Änderungen der Besteuerungsart, der Umsatzsteuernummer oder des zuständigen Finanzamtes immer umgehend mit, damit der Netzbetreiber eine korrekte Gutschrift an Stelle Ihrer Rechnung erstellen kann.

Die Höhe der Vergütung für die ins Netz eingespeisten Strommengen ist im EEG geregelt und richtet sich hauptsächlich nach Anlagengröße und Datum der Inbetriebnahme Ihrer PV-Anlage. Das EEG sieht Möglichkeiten vor, die Zahlung dieser Vergütung für ins Netz eingespeiste Strommengen zeitweise auszusetzen. Beispielsweise kann das in Zeiten von Negativpreisen an der Strombörse Anwendung finden. Da diese Zahlungsaussetzung momentan nur für größere Anlagen gilt, wollen wir uns darauf beschränken, dies nur der Vollständigkeit halber zu erwähnen.

Zum Schluss

Von der Idee zum Anlagenbetrieb (Anleitung Schritt für Schritt)

Sie spielen mit dem Gedanken, eine eigene PV-Anlage auf Ihrem Dach installieren zu lassen und wissen nicht, wie Sie vorgehen sollen? Hier erhalten Sie in Kurzfassung, eine kleine „Schritt-für-Schritt-Anleitung“

Machen Sie sich in Vorfeld über folgende Punkte Gedanken:

- ✓ Weshalb soll die PV-Anlage installiert werden?
- ✓ Möchten Sie den erzeugten Strom selbst nutzen?
- ✓ Soll neben der PV-Anlage ein Speicher installiert werden?
- ✓ Soll die Anlage finanziert oder direkt bezahlt werden?
- ✓ Soll eine Förderung für den Speicher in Anspruch genommen werden?
- ✓ Haben Sie Zeit, sich ein wenig um den Anlagenbetrieb zu kümmern?
- ✓ Möchten Sie etwas für sich und die Umwelt tun oder möchten Sie Geld anlegen?
- ✓ Auf welchen Dachflächen könnten Sie sich ein PV-Anlage vorstellen?
- ✓ Wenn die Anlage auf Ihrem Dach entste-

hen soll, wie viel Dachfläche steht ohne Verschattung zur Verfügung?
- ✓ Spielt die Optik eine Rolle?

Je mehr Gedanken Sie sich im Vorfeld machen, desto detaillierter kann ein Beratungsgespräch mit einem Fachmann ausfallen. Vielleicht haben Sie diesen Ratgeber schon gelesen, dann ist die folgende Auflistung eine kleine Zusammenfassung. Wenn nicht, dann bekommen Sie einen ersten Überblick. Sollten Sie diesen Ratgeber vor dem ersten Beratungsgespräch lesen, haben Sie eine hervorragende Gesprächsgrundlage.

Sie haben die Idee von einer eigenen PV-Anlage? Dann gehen Sie in folgender Reihenfolge vor:

1. Beantworten Sie sich selbst die obenstehenden Fragen als Grundlage für ein erstes Beratungsgespräch.
2. Nehmen Sie einen Termin für ein unverbindliches Beratungsgespräch bei einem Fachmann für PV-Anlagen war. Schließen Sie hier noch keinen Vertrag ab und erteilen Sie noch keinen Auftrag.
3. Machen Sie eine unverbindliche Anfrage bei ihrem Netzbetreiber, Hier geht es darum zu erfragen, ob Sie die im Beratungsgespräch ermittelte Leistung der PV-Anlage sofort an das öffentliche Netz des Netzbetreibers anschließen dürfen oder

ob der Netzbetreiber einen weiteren Netzausbau plant. Bei kleinen PV-Anlagen sollte eine telefonische Anfrage ausreichend sein.

4. Bei einer positiven Antwort von Ihrem Netzbetreiber machen Sie einen zweiten Beratungstermin für Ihre geplante PV-Anlage, aber diesmal bei einem anderen Unternehmen.
5. Vergleichen und beurteilen Sie diese beiden Beratungsgespräche und analysieren Sie die Unterschiede.
6. Wenn Sie jetzt wissen, wie Ihre PV-Anlage zukünftig aussehen soll, lassen Sie sich von drei unterschiedlichen PV-Installateuren je ein Angebot mit gleichen Eckdaten erstellen. Unter Umständen können Sie schon hier große Unterschiede erkennen. Wenn Sie eine Anlage mit Speicher planen, werden die Preisunterschiede etwas größer ausfallen, da die Preise für Speicher am Markt immer noch sehr schwanken.
7. Wenn Sie alle Angebote erhalten haben, entscheiden Sie sich für eines und beauftragen Sie die gewählte Firma. Bei der Entscheidung muss nicht immer der Preis die ausschlaggebende Rolle spielen. Hören Sie sich um, welche Referenzen Ihre potenzielle Firma hat oder fragen Sie nach entsprechenden Referenzen. Prüfen Sie

auch, ob der vorgesehene Realisierungszeitraum in Ihrem Zeitplan passt.

8. Ihre gewählte Fachfirma sollte jetzt alle notwendigen Antragsformalitäten beim Netzbetreiber erledigen.
9. Nun wird sich wahrscheinlich der Netzbetreiber bei Ihnen melden und die eine oder andere Formalität mit Ihnen abklären.
10. Ihre Fachfirme installiert nun die PV-Anlage und nimmt diese in Betrieb. Die Inbetriebsetzung muss protokolliert werden und Ihr Netzbetreiber erhält in der Regel eine Kopie davon. Sollte bis jetzt noch kein entsprechender Zähler für Ihre PV-Anlage installiert sein, ist es Zeit, Ihren Netzbetreiber daran zu erinnern.
11. Melden Sie Ihre PV-Anlage im Marktstammdatenregister der BNetzA an. Wenn ein Speicher installiert wurde, ist auch dieser anzumelden.
12. Melden Sie sich bei Ihrem Finanzamt als zukünftiger PV-Anlagenbetreiber.

Wenn Sie diese Punkt alle erledigt haben, sollte einem erfolgreichen Anlagenbetrieb nichts mehr im Wege stehen.

Begriffe und Abkürzungen:

Anlagenleistung
Obwohl nach der Definition im EEG jedes installierte Panel eine Anlage zur Erzeugung von Strom ist, denkt man bei der Anlagenleistung in vielen Zusammenhängen an die Gesamtanlage und benennt hier die Summe der Leistungen aller installierten Wechselrichter

Anlagenzusammenfassung
Für die Beurteilung einer PV-Anlage müssen unter Umständen verschiedene Anlage vom Netzbetreiber als eine Anlage betrachtet werden.

Bezugsrichtung
Bezug von Strom aus dem Netz der öffentlichen Versorgung

BHKW
Blockheizkraftwerk, auch Mini BHKW

BNetzA
Bundesnetzagentur

EE(G)
Erneuerbare Energien (Gesetz)

Eigen-oder Selbstverbrauch
Die Strommenge, die ein Anlagebetreiber erzeugt und selber verbraucht, ohne diese Strommenge durch ein öffentliches Netz zu leiten

Einspeisevergütung
Gegenwert an Geld, welches ein Anlagenbetreiber für die ins Netz der öffentlichen Versorgung eingespeisten Strommengen erhält

Inbetriebnahme
Abnahme und Erstbetrieb der PV-Anlage. Hierüber wird ein Protokoll angefertigt.

Installierte Leitung
Die Summe der Leistungen aller auf Ihrem Dach installierten Panels (kWp)

KWK Anlage
BHKWs, „Brennstoffzellenheizung“, Dax, ...

KWK(G)
Kraft-Wärme-Kopplungs(-Gesetz)

Lieferrichtung
Lieferung von Strom in das Netz der öffentlichen Versorgung

Marktstammdatenregister (MaStR)
Zentrales Melderegister der BNetzA

Netzentgelt
Bestandteil des Strompreises (Bezugsrichtung), den der Netzbetreiber für das zur Verfügung Stellen seines Netzes pro kWh Strom erhält

Netzverknüpfungspunkt
Der Ort der technischen Verbindung zwischen den Anlagenteilen des Anlagenbetreibers und dem Netz des Netzbetreibers

PV
Photovoltaik

PV-Anlage
Photovoltaik-Anlage (Anlage zur Erzeugung von Strom aus solarer Strahlungsenergie)

Wälzungsmechanismus
Grundlage der Förderung im EEG

Netzbetreiber (VNB)
Der Netzbetreiber, an dem Ihre PV-Anlage in der Regel angeschlossen ist (Verteilnetzbetreiber)

Letztverbraucher
Derjenige, der den Strom als „Letzter" tatsächlich verbraucht

EEG-Umlage
Mit dieser Umlage wird die Förderung des EEG finanziert.

Photovoltaik (PV) Anlagenbetreiber
Diejenige persönliche oder juristische Person, die selbstständig für den Betrieb der Anlage verantwortlich ist und das wirtschaftliche Risiko für die Anlage und

den Anlagenbetrieb trägt

Stromnetz des Netzbetreibers
Oftmals wird hier auch vom „Netz der öffentlichen Versorgung“ gesprochen

Übertragungsnetzbetreiber (ÜNB)
Der Übertragungsnetzbetreiber ist der Netzbetreiber, an dem das Netz Ihres Netzbetreibers mittelbar oder unmittelbar angeschlossen ist. Die ÜNB sind für die Verwaltung der Strommengen im EEG und die Festlegung der EEG-Umlagen verantwortlich. In Ausnahmefällen kann eine EEG-Anlage auch direkt am Netz des Übertragungsnetzbetreibers angeschlossen sein (Großanlagen)

Zauninbetriebnahme
Eine Möglichkeit, in den frühen Jahren des EEG eine PV-Anlage als in Betrieb genommen zu melden, ohne dass sie an seinem vorgesehen Ort verbaut war. Sie konnte auf dem Boden liegen oder eben an einem Zaun lehnen. Mit dem Anschluss einer Glühlampe konnte man eine erstmalige Stromlieferung nachweisen. Diese Möglichkeit der Inbetriebnahme einer PV-Anlage ist heute nicht mehr zulässig.

Zwei-Richtungs-Zähler
Dieser Stromzähler ermittelt die Strommengen in zwei Richtungen, zum einen die Strommengen, die aus dem Netz bezogen werden, zum anderen die Strommengen, die ins Netz geliefert werden.

Wo finde ich Informationen zu einem bestimmten Thema
(Eine Auswahl wichtigster Themen)

70%-Regelung
Technik – Technische Einrichtungen zur Netzstabilisierung

Anlagenverantwortung
Anmeldungen – Marktstammdatenregister

Belieferung Dritter
Netzbetreiber – Belieferung Dritter

Clearingstelle
Allgemeines – Clearingstelle EEG

Daten-Korrekturen
Anmeldungen – Marktstammdatenregister; Änderungsmeldungen

Direktvermarktung
Allgemeines – Überblick

Einspeisevergütung
Allgemeines – Überblick

Finanzamt
Anmeldungen – Finanzamt

Rechtliche Absicherung des Autors

Bei den Informationen in diesem Buch handelt es sich um Hilfestellungen des Autors zum Thema PV-Anlagen, die aus der Erfahrung seiner täglichen Arbeit zur Beurteilung des Anschlusses von PV-Anlagen an das Netz der öffentlichen Versorgung resultieren. Insbesondere sollen hier Betreiber von kleinen PV-Anlagen, wie Anlagen auf einem Einfamilienhaus, Hilfestellung bekommen.
Der Autor übernimmt keine Haftung für die Vollständigkeit, vollständig rechtlich richtige Darstellung oder die Aktualität[3] der in diesem Buch wiedergegeben Informationen. Er behält sich vor, zukünftig, Ergänzungen, Anpassungen oder weitere Konkretisierungen, der hier dargestellten Information in neuen Exemplaren oder Auflagen vorzunehmen.

[3] Die in diesem Ratgeber dargestellt Auffassung des Autors basiert auf dem Rechtsrahmen des im Jahr 2019 gelten EEG und weiteren, damit in Zusammenhang stehenden Regelungen.

Schlussworte des Autors

Lieber PV-Anlagenbetreiber

Als erstes möchte ich Sie zum Betrieb Ihrer PV-Anlage beglückwünschen und willkommen heißen im Kreis aller PV-Anlagenbetreiber.

Zweitens danke ich Ihnen, dass Sie sich für diesen kleinen Ratgeber entschieden haben. Ich habe hier versucht, die wichtigsten Dinge für den Betrieb einer kleinen PV-Anlage aufzuschreiben. Bei Fragen und Unklarheiten finden Sie viele Antworten in diesem Buch.

Denken Sie daran, Sie haben mit Ihrer PV-Anlage rechtlich gesehen einen kleinen Gewerbebetrieb. Sie stellen ein Produkt her, nämlich das Produkt „elektrischen Strom". Diesen Strom können Sie selbst nutzen oder vermarkten. Allerdings hat der Gesetzgeber hierfür Regeln geschaffen. Äußerungen von Verkäufern wie: „Lassen Sie sich eine PV-Anlage installieren, dann haben Sie zwanzig Jahre billigen Strom und verdienen noch Geld damit", sind für mich nur die halbe Wahrheit.

Ich wünsche Ihnen für die Zukunft einen störungsfreien Betrieb Ihrer PV-Anlage. Was Sie hierzu beachten sollten, lesen Sie in diesem Ratgeber.